一周不重样的暖心轻料理

今天吃什么

慧慧 / 著

SPM

南方出版传媒

新世纪出版社

·广州·

目 录

CONTENTS

慢一点，学会和"小确幸"相逢

认识慧慧很偶然，源于我每周都会给我运营的微信号寻找好的原创文章。一天在朋友圈看到有关美食照片的分享，然后就顺藤摸瓜，找到了这个微信公众号。我在后台留言，她很快给我回信了，然后互加了微信。等收到她的文章之后发现，她是一个充满爱心的姑娘。

她做饭的初衷是为了增加与家人之间的交流，而她最为人熟知的便是她别具一格的早餐轻料理。因为老公每天加班回家晚，到家之后交流时间很少。所以，她发现早晨是很好的交流时光，就这十几分钟一起共进早餐的时候，哪怕是聊一些生活中的小事，都会格外有趣。

她写道："我把早餐的十几分钟当作每天的小型家庭会议，可以听听对方昨日的工作情况、生活中发生了哪些小事，也可以说说今天对生活和工作的规划之类。边吃早餐边对昨天做一个总结，对今天的事儿进行大致的安排，并给对方意见说说自己的想法，增加两个人生活中的沟通（笑）。当然了，聊天内容都是很随意的。这样就算不能保证一天能有好心情，至少保证每天早晨出门的时候心情是好的。"

不知道多少都市上班族看到她的这段描述会觉得由衷的幸福与羡慕！

她在许多文章中至少有好几处都标注了"（笑）"。真是相由心生，后来看到她的照片，也发现她是一个笑得很美的姑娘。这种自然的美，是无法 PS（图片处理）出来的。而这种由内而外的美，对于生活的热爱，也在影响着身边的家人和朋友。

我现在只要出门，都会随身带着相机，要么是口袋里揣着一个"卡片机"，要么是脖子上挂一个旁轴相机。我很喜欢某一个相机品牌的宣传语"Be Your Eyes"（做你的眼睛）。相机在手，我们会具备另外一双观察世界的眼睛。而这双眼睛，反过来会给我们带来不同的心理感受。以前，我是通过文字，通过想象，来感受这种奇妙的境界。但是当我们停下匆匆的脚步，拿起相机，蹲在小区的树下时，这一切就仿佛跃然眼前。这是无须什么显微摄像机或者 VR（虚拟现实眼镜）就可以感受到的美好。

但整日奔波的人们，都匆匆地把这一切错过了，我们错过了简单而美好的早餐，我们也错过了小区树下这个生机勃勃的美好世界。

今天，很高兴有这样一个女生，用自己每日的坚持，来提醒我们，幸福其实很简单：早起，做一顿饭，拍一张照片，然后和家人一起坐下来吃饭，聊天。

我们的生活很匆忙，也有很多东西逼得你去不停地追逐。但是，任何时候，我们都有选择，更简单一点，像她一样，慢下来——笑。

祝慧慧幸福美丽，也愿所有人都能享受到生活中的"小确幸"。

张 辉

微信号"改变自己（wechanger）"运营者，现在百度就职。

拥有你自己的生活美学

不知道你的记忆里有没有和我一样的画面：近了年关，家中腌上馅料，浸好糯米，洗净粽叶，奶奶、姑姑、婶婶、妈妈围坐一圈，边话家常边裹粽子。粽叶打个弯，铺层米，摆上馅，再铺层米，加张叶，棉线一圈一圈缠得紧实，手法娴熟得好似不用看，一个个大小均匀流水线一般往筐里放；男人们即便不动手，也是陪着说话；小辈们则在旁嬉笑打闹，时不时抓把米，抽张粽叶，捣个乱。忙活一整天，往灶台生了火，一大家子等着满满一大锅粽子热气升腾。对我来说，家人们一起做吃食，便是最有家味儿的事了。我如此珍惜，以至于当我还是个男孩的时候就开始担忧：要是很多人没兴趣学，失传了手艺，这样的家味儿会不会越来越少？

虽然时有担心，但妈妈的手艺、学校食堂的饭菜、外食的诸多选择到底是养大了我。下厨这件事似乎与我无关，直到进了清华园，导师教的不光是学问，更有生活。年末岁尾的一堂私享课是惯例，"培养生活态度，拓展生存能力"的大标语下师门齐聚，从选购食材到洗菜切菜、蒸炸炖炒，每人一道，好似年夜饭的预演版，只是味道参差不齐。第二年从头来过，查阅食谱，硬着头皮来道东北名菜"地三鲜"，竟意外获得三等奖，满头大汗之后记住了导师的话"既要学生产，也要学生活"。下厨如做学问一样，是一种能力，这是导师告诉我的。

毕业之后，解决每日三餐成了问题，不禁让人想念起清华食堂。我翻看手机时，时常被慧慧的美食日记所吸引，新鲜的食材，均衡的营养，明快的配色，暖心的摆盘，一天的好心情从早餐开始，就连我也被每天不重样的美食图片所感染，羡慕于慧慧的巧手。原来，下厨不只是喂饱自己那么简单，花些小心思，它可以是令人愉悦的艺术品。

再后来，当我不是一个人，当我的身边出现了"她"，下厨不再是偶尔的体验，它成了生活里的惯常。我不再考虑自己是否有下厨的天赋，不再担心能否做出令人满意的饭菜，我有的只是一颗丹心：我希望做出饭菜喂饱她，就这么简单。从一开始的任何步骤都生疏，到家常小炒信手拈来，即便时常查询食谱，我也开始享受这一付出爱的过程。下班后在厨房的忙活，只为我俩对坐小桌旁，边吃边聊的那一份"家味儿"。

有一句常出镜的话：唯美食与爱不可辜负。其实，美食本身就加了"爱"这一味佐料。都说爱人镜头下的你是最美的，为爱人做的饭菜又何尝不是最美味的呢？下厨是生存的能力，也可以是生活的艺术，本质上应该是零门槛的爱的付出，你我都可以。

所以，拿上慧慧的这本食谱，为他（她）下厨吧。

张　鄂

微信号"灼见"运营者、创始人。

元气满满，一天开始

Monday ×

番茄肉酱焗饭 + 西芹炒虾仁 + 糙米豆浆 + 蓝莓

西 芹 炒 虾 仁

〔一周时光的开幕，应当给自己一份最好的启程〕

材　料

〜〜〜〜〜〜〜〜〜

◎ 鲜虾 / 18~20 只（约400~ 500 克）

◎ 蛋清 / 1 只

◎ 淀粉 / 8 克

◎ 西芹 / 150 克

◎ 盐 / 适量

◎ 蔬之鲜 / 适量

◎ 鲍鱼汁 / 适量

◎ 柠檬汁 / 适量

小贴士

虾仁焯水的时间不可过长，防止虾仁口感变老。西芹焯水时可在锅里放少许盐，这样炒制时颜色会保持鲜艳。

鲜虾去壳洗净，西芹斜切备用。 ①

虾仁加入蛋清、一小勺淀粉、少许盐、柠檬汁搅拌均匀，腌制 10 分钟。 ②

虾仁焯水 10 秒后捞起，西芹焯水 30 秒后捞起，放入凉水里浸泡片刻备用。 ③

锅里放少许油，放入焯过水的西芹翻炒片刻。 ④

倒入虾仁，加入少许盐、蔬之鲜、一小勺鲍鱼汁翻炒均匀即可。 ⑤

STORY

· 第 一 个 故 事 ·

每次跟蚊子小姐一起吃饭，她总是会点一道西芹炒虾仁。

她边吃饭边跟我介绍着这道菜，说着营养搭配非常全面，西芹富含蛋白质、碳水化合物、矿物质及多种维生素之类。可还没等她说完，我就看到她的眼泪一滴一滴地掉了下来，一问才得知，原来蚊子小姐那天表白失败了，难过至极。事后她说她这辈子吃过最难吃的一道菜，就是那天的西芹炒虾仁了，入口一股苦涩的咸味。

现在回想起来，我当时对她说了这么一段话：

"如果在确定一定以及肯定他不喜欢你的情况下，那么你是要跟现实抵抗呢，还是放手去拥抱未来呢？你不是袁湘琴，他也不是江直树，你们是很难上演另一部《恶作剧之吻》的。道理你都懂，鸡汤你也喝，只不过最终是你不死心罢了。可是你有没有想过，当你眼里不再是他一个人时，你就能看到更多更美的风景；当你变成更好的你时，再回过头来看这些过往都是曾经；虽然这一切并没有想象中的这么容易，但时间一定会给你一个最好的答案啊。"

嗯，是啊！

无论如何，时间一定会给你一个最好的答案。

豆浆 + 橙子 + 清炒荷兰豆 + 清炒南瓜 + 红烧鳕鱼 ↗

红 烧 鳕 鱼

{ 做自己热爱的事，规划好自己的人生 }

材 料

◎ 鳕鱼 / 约 300 克

◎ 大蒜 / 4 颗

◎ 鸡蛋 / 1 只

◎ 胡椒盐 / 适量

◎ 淀粉 / 适量

酱汁：

◎ 鲍鱼汁 / 15 毫升

◎ 豉油鸡汁 / 30 毫升

◎ 海鲜酱油 / 15 毫升

◎ 糖 / 5 克

◎ 水 / 200 毫升

小贴士

没有胡椒盐也可直接用食用盐代替。鳕鱼块不能太厚，太厚的鳕鱼块不容易入味。

鳕鱼用胡椒盐腌制 15 分钟以上

将鸡蛋打散，准备适量淀粉。

锅里放油，鳕鱼先沾一层蛋液再沾淀粉，放入锅里煎至两面金黄。

放入大蒜煎至散发出香味、表面微黄。

倒入调制好的酱汁，盖上锅盖，大火煮开，中途翻个面收汁即可（酱汁不可收得太干）。

STORY

第二个故事

我们常常会被问"你做这些有用吗？"

玩相机的时候被问，会拍照有什么用？

看书的时候被问，看这些书有什么用？

买餐具的时候被问，花这些钱有什么用？

甚至为了好吃的红烧鳕鱼，精选食材的时候也会被问，费这么大力气有什么用？

类似的话还有很多，更多的时候，别人喜欢用自己的经验来判断你所面对的事物。

人能遇到自己喜欢做的事本来就已经不容易，能坚持喜欢还能坚持做下去更没这么简单，不要太在意三步以外之人的言语，更不要因为他们的言语而放弃你的努力，努力这件事本身就不是个短期投资。想想，有多少人都是通过长期努力才最终获得回报的，在这之前你经历的所有事都会成为你的基底，你做这些事有没有用，不是别人说了算的。

我很感谢一位朋友的开导。不同的观点和角度会让人看见不同的世界，学会能看到别人看不到的一面，善于倾听比善于论断更重要。他让我知道除了自己，没有人可以对你的人生盖棺定论。

是啊，除了你自己，谁又有权来规划你的人生呢？

花生浆 + 米饭 + 草莓 + 清炒口菇 + 清炒西兰花 + 薄荷炒牛肉

Monday ×

薄 荷 炒 牛 肉

{ 快去做喜欢的事 }

材 料

◎ 薄荷叶 / 1 把

◎ 牛肉 / 200 克

◎ 红薯淀粉 / 30 克

◎ 水 / 50 毫升

◎ 海鲜酱油 / 适量

◎ 盐 / 适量

◎ 姜丝 / 适量

◎ 鸡精 / 适量

小贴士

切牛肉时横着切，需将纤维纹路切断，横切面呈现"井"字形，这样口感会更嫩。牛肉片也需尽量切薄，炒制时也会更入味一些。

薄荷叶洗净，生姜切丝备用。 ①

牛肉加入红薯淀粉 30 克、水 50 毫升、海鲜酱油、盐适量，搅拌均匀，腌制 20 分钟以上。 ②

锅里放油炒香姜丝，再加入腌制好的牛肉翻炒至变色。 ③

加入薄荷叶翻炒均匀。 ④

加入少许海鲜酱油翻炒，最后根据个人喜好加入适量盐、鸡精即可。 ⑤

STORY

第三个故事

如果你喜欢快餐，那就去吃。
如果你喜欢电影，那就去看。
如果你喜欢漂亮的衣服，那就去买。
如果你喜欢旅行，那就开始计划时间。
如果你喜欢的将在你的犹豫里错过，那你会一整天沮丧不已。
喜欢是一种难得的心情，它像是神明的刘海，触碰与错过，都在一瞬间。

就像喜欢一个人的心情一样，喜欢了，那就怀揣着悸动，跳一支《雨中曲》。
也许，喜欢的事物，在下一秒转身出门就能拥有了也说不定呢。

橙子 ＋ 燕麦浓浆 ＋ 米饭 ＋ 清炒西兰花 ＋ 酱汁豆腐 ＋ 红烧茄子

酱 汁 豆 腐

{一个姑娘的暗恋}

材 料

◎ 豆腐 / 1 份

◎ 大葱 / 适量

◎ 红辣椒 / 1 个

◎ 大蒜 / 4~5 颗

◎ 白糖 / 少许

酱汁:

◎ 海鲜酱油 / 23 毫升

◎ 老抽 / 7 毫升

◎ 鲍鱼汁 / 15 毫升

◎ 糖 / 5 克

◎ 水 / 200 毫升

小贴士

用老豆腐来做这道菜会更好，嫩
豆腐炸制时会易碎，影响美观。

豆腐切成长条，大葱、红辣椒
斜切成小段，大蒜去皮备用。 ①

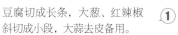

锅里放油，将豆腐炸至金黄，
捞出备用。 ②

锅里放少许油，放入大蒜和红
辣椒炒香。 ③

放入豆腐翻炒片刻后倒入调制
好的酱汁，盖上锅盖大火煮开。 ④

待酱汁快收干时尝味，根据个
人喜好可加入少许白糖，最后
放入大葱段翻炒片刻即可。 ⑤

酱汁豆腐让我想起了高中的同班同学。

那位姑娘当时暗恋着一男孩，只因为男孩喜欢吃这道菜，所以姑娘也跟男孩一样每天都吃着这道菜，而且还是百吃不腻。

想想，暗恋也是一件很美好的事儿呢。

你也许会偷偷写一本日记，里面记录了跟他有关的所有日子，而他，很好地诠释了你生命中的某段时光；

你也许会因为害怕失去，所以选择一种最安全的身份待在他身边；

就算手机显示内存已满，你也舍不得删除跟他有关的聊天记录；

他无意中对你的一笑，在你心中便能开出一整片花园；

你脑子里想过千百遍你们在一起时的场景，但现实中却不能跟他实践着这些剧情；

你一定不会秒回他的信息，因为每一条信息你都要在心里反复打上好几遍草稿；

他说的每句话对你而言，都像是在做一道阅读理解；

你看过他写的所有状态，读过他写的所有微博，翻过他发的所有照片；

你明明故意绕路装作是跟他的偶然相遇，只因为有他在的地方，哪里都是顺路；

你有一万种想见他的理由，却少了一种随时能见他的身份；

你跟他说了好多好多好多，最后，就只差那句"我喜欢你"。

海鲜炒面
＋
黑米燕麦浆
＋
提子

海 鲜 炒 面

{关于童年的梦想，你还记得吗？}

材 料

◎ 鱿鱼 / 150 克

◎ 鲜虾 / 300 克

◎ 卷心菜 / 350 克

◎ 胡萝卜 / 适量

◎ 鸡蛋 / 1 只

◎ 拉面 / 200 克

◎ 柠檬汁 / 适量

◎ 淀粉 / 8 克

◎ 盐 / 适量

◎ 海鲜酱油 / 适量

小贴士

虾仁上浆焯水可以保证口感嫩滑。但焯水时间不可过长，时间过长虾仁口感容易变老。

卷心菜、胡萝卜切丝备用，鲜 ① 虾去壳洗净，鱿鱼洗净切圈备用。

虾仁加入蛋清、一小勺淀粉、 ② 少许盐、柠檬汁搅拌均匀，腌制 10 分钟。

鱿鱼、虾仁焯水 10~15 秒后捞 ③ 起。

锅里放水，待水沸腾后放入拉 ④ 面煮熟，捞起后再放入冷水中过凉备用。

锅里放少许油，倒入卷心菜丝 ⑤ 和胡萝卜丝翻炒片刻。

再倒入煮好的面条、鱿鱼、虾仁翻炒均匀。 **6**

根据个人喜好加入适量海鲜酱油、盐，翻炒至均匀即可。 **7**

小时候因为比较胖，所以家里人都会限制我的饭量，而那时我最喜欢的就是海鲜炒面，每次不吃满两大盘决不罢休，所以在被限制饮食的那段时间里我连做梦都想吃海鲜炒面。

等长大后人变瘦了，胃口也变小了，但是只要一吃到海鲜炒面，我还是会一人吃满两大盘，不吃到撑绝不停口。

前段时间听到了一个新名词，叫"童年未完成梦想之魔咒"。

第一次听到这个名词的时候我很震惊，因为它很好地诠释了很多人身上的某些习惯，意思就是小时候越缺乏什么或是童年一件印象深刻而又得不到的东西，长大后就会有一种莫名其妙的执念，这也是属于一种潜意识的行为。"童年未完成的愿望"对人生造成的影响会远远超过你的预计，更甚者有可能把它作为人生目标，哪怕在别人眼里它是多么的不合理而你自己也知道它是这么不合理，但你却难以摆脱它的控制。

我想，海鲜炒面，估计就是我那"童年未完成梦想之魔咒"吧。

草莓 + 燕麦花生浆 + 清炒荷兰豆 + 牛肉盖饭

Monday × 🍚

牛 肉 盖 饭

{给爱，多一点时间}

材 料

◎ 牛肉片 / 250 克

◎ 洋葱 / 半个

◎ 盐 / 适量

酱汁：

◎ 豉油鸡汁 / 25 毫升

◎ 海鲜酱油 / 30 毫升

◎ 白糖 / 5 克

◎ 味淋 / 15 毫升

◎ 水 / 125 毫升

小贴士

牛肉片可用现切的薄牛肉，也可用涮火锅用的牛肉卷。不过因为牛肉还需要二次下锅，所以焯水的时间不可过长，变色后立马捞起，这样口感才不会过老。

准备牛肉片，洋葱切丝备用。 ①

水煮沸，放入牛肉焯水，变色后即刻捞起。 ②

锅里放少许油，加入洋葱丝翻炒至半透明。 ③

倒入调制好的酱汁，大火煮开。 ④

待洋葱煮软后，加入牛肉搅拌均匀。 ⑤

牛肉煮片刻，等酱汁收至1/3后尝味，根据个人喜好加入少许盐、白糖。煮好捞起放在大碗白饭上即可。 ⑥

第一次吃牛肉盖饭的时候，我跟对象正好一起看一部日本航空空难的纪录片。

全片印象最深的是这么一段：空姐在知道飞机坠毁的可能性大于安全着陆后，发给每个人一支笔一张纸，让他们把想说的话都写下来，乘客们在最后时刻所写的话都与恨无关，留存下来的都是爱的信息。

想想，爱其实是无处不在的，我永远都相信在这个世界上，爱比恨来得多的多，我的生命有限，所以我不会把时间花在恨谁讨厌谁身上，与其有那个恨人的工夫，不如给家人、朋友、恋人多一点的爱。

要相信，世界上也一定有人是在爱着你的。

嗯。

一屋二人三餐四季，四手三世两心一生。
很想就这样，
一辈子，我和你。

Tuesday × 🍴

麦片 + 柚子 + 蔬菜沙拉 + 水煮蛋 + 黑椒鸡肉卷

黑 椒 鸡 肉 卷

{ 卷起来的暖心时刻 }

材 料

◎ 鸡胸肉 / 250 克

◎ 洋葱 / 半个

◎ 黑椒酱 / 75 毫升

◎ 淀粉 / 8 克

◎ 水 / 15 毫升

◎ 现磨黑胡椒碎 / 适量

◎ 糖 / 适量

◎ 盐 / 适量

◎ 五香粉 / 适量

◎ 西生菜 / 若干

卷饼皮材料

◎ 中筋面粉 / 280 克

◎ 酵母 / 3 克

◎ 盐 / 3 克

◎ 玉米油 / 15 克

◎ 冷水 / 120 毫升

★如果做菠菜卷饼，将水换成等量菠菜汁即可，液体可根据面团湿度适量增减。

小贴士

鸡柳不可炒太久，炒久了肉质会变老，口感就不够嫩了。炒好的鸡柳也可以用来配饭，这也是一道很好的下饭的菜。

鸡胸肉可先泡水半小时后沥干水分，切成手指粗细的鸡柳。 ① 加入 8 克淀粉、15 毫升水、15 毫升黑椒酱、现磨黑胡椒碎、五香粉、盐各适量，搅拌均匀后放冰箱冷藏腌制 6 小时以上。

洋葱切细丝备用。 ②

锅里放少许油，放入洋葱丝翻炒至洋葱变半透明。 ③

倒入腌制好的鸡柳快速翻炒至鸡柳变色。

加入 60 毫升黑椒酱翻炒，根据 ⑤
个人口味加入少许盐、糖翻炒
均匀，盛起备用（翻炒时动作
要快，鸡肉炒久了口感容易老）。

取一张卷饼皮，铺上西生菜， ⑥
放上炒好的黑椒鸡柳，包起来
即可食用。

卷饼皮：

将卷饼皮材料混合揉成表面光 ⑦
滑的面团。

等量分成 5 到 8 份，擀成 8 寸 ⑧
大小的薄饼皮。

平底锅内不放油，开中火，将 ⑨
擀好的饼皮放入锅内干烙，很
快就能看见饼皮膨胀，两面煎
至微黄即可。（不可小火煎，
饼皮水分易蒸发。做好的饼皮
可以放冷冻，吃时大火蒸 1 分
钟即可。）

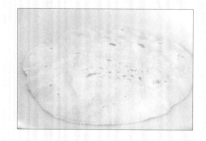

在相遇之前，我们用尽力气，为自己制定喜欢的人的全部标准。

而相遇之后，我们总是在问："为什么我喜欢的你全都有？"

其实不是因为你喜欢的他（她）全都有，而是因为那个人是他（她），所以你才喜欢得不自知。或许，在遇到他（她）的那一瞬间，那些所谓的标准都已不再重要。你自觉遇见了他（她），如春寒料峭的时候瞥见枝头嫩绿，如同"我荒脊的土地上最后的玫瑰"。

所以，你现在想到了谁呢？

希望你和你脑海里出现的那个人，结局都能如你想象中那般。

☐Tuesday × ☺

麦 草 米 清 糖 酱
片 莓 饭 炒 醋 汁
+ + + 黄 里 面
瓜 脊 筋
+ + +

酱　汁　面　筋

{ 烧一抹爱上一座城池的味道 }

材 料

◎ 面筋 / 250 克

◎ 盐 / 适量

◎ 糖 / 适量

酱汁：

◎ 甜面酱 / 30~40 毫升

◎ 水 / 150 毫升

小贴士

如果不喜欢甜面酱的口味，可以替换成自己喜好的酱料即可。

面筋用手撕成薄片。

甜面酱 30~40 毫升加水调成酱汁。

锅里放油，倒入面筋翻炒至表面变些许微黄。

倒入酱汁翻炒均匀，大火收汁，根据个人喜好加入少许盐、糖即可。

说起酱汁面筋，我就想到了一个人——穆姑娘。

穆姑娘是个异地恋专业户，男朋友在北京工作，穆姑娘身在武汉，但穆姑娘手机上的天气预报第一页是北京，关心的新闻主页也是北京，她身上所有的一切都跟北京有着密不可分的联系。她每次去北京的时候都兴奋得如同小学时春游的前一晚。

穆姑娘说她是真的很喜欢那座城市，问她为什么，却也答不上来。问她就算北京雾霾这么严重，交通这么拥挤，你也还是这么喜欢吗？她想了想，点点头说是。

我想，她之所以爱上那座城市，是因为城中住着她喜欢的人吧，只要同在一个城市里，走他走过的路，看他看过的风景，呼吸着跟他同一样的空气，她就能感觉到他的存在。可能就算不见面，她都能感觉离他更近一些，有他的城无论雾霾还是狂风都是彩色的，没他的城市纵使艳阳高照也是黑白的。

恋上一个人，爱上一座城。

转念一想，有时候，想念一座城市，大抵都是想念那些细节，和城市里的人。

墨鱼丸紫菜汤 + 猕猴桃 + 蒜苔炒培根 + 虾仁玉米 + 红烧芋头 + 米饭

红 烧 芋 头

{ 做给自己的料理 }

材 料

◎ 芋头 / 400 克

◎ 大蒜 / 4 颗

◎ 淀粉 / 适量

◎ 盐 / 适量

酱汁:

◎ 红烧汁 / 23 毫升

◎ 鲍鱼汁 / 8 毫升

◎ 老抽 / 8 毫升

◎ 糖 / 5 克

◎ 水 / 200 毫升

小贴士

选购芋头的时候要买松一些的槟榔芋,这样吃起来口感会更好。

芋头切成小块备用。 ①

锅里放油烧热,将芋头炸至表面金黄变软后捞起。 ②

锅里放少许油,炒香大蒜。 ③

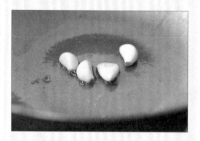

倒入炸好的芋头翻炒片刻。 ④

倒入调制好的酱汁,盖上锅盖大火烧开。 ⑤

待酱汁还剩 1/3 时尝味,根据个人喜好可加入少许糖、盐,最后倒入用水调好的淀粉勾芡即可。 ⑥

都说人在一起久了，很多东西会被同化。
比如对方爱吃芋头，久而久之你就会发现原来你也爱吃芋头。
比如对方爱看书，久而久之你就会发现其实你也爱看书。
可我觉得，最根本的原因是因为你们的属性本来就是相同的，
也是因为属性相同，所以才能走到一起。

其实无论友情或是爱情都跟吸引力法则息息相关啊。
物以类聚人以群分，
你是什么样的人，自然就会吸引到什么样的人，
如果一直觉得自己没遇上好人，那是不是也该从自身找找原因呢？
还有啊，如果你想成为什么样的人，就努力去接近那样的人，
水果之间都还能互相催熟呢，更何况是你。

米饭 + 紫菜汤 + 柚子 + 拌生菜 + 红烧鸡软骨 + 培根炒玉米

红 烧 鸡 软 骨

{ 是谁来自山川湖海，却囿于昼夜、厨房与爱 }

材 料

◎ 鸡软骨 / 300 克

◎ 八角 / 1 个

◎ 桂皮 / 1 块

◎ 香叶 / 2 片

◎ 姜片 / 1 片

酱汁：

◎ 白糖 / 5 克

◎ 红烧汁 / 15 毫升

◎ 老抽 / 5 毫升

◎ 冰糖 / 10 克

◎ 盐 / 少许

◎ 淀粉 / 少许

小贴士

炖肉放冰糖不仅提味，炒出来的糖色也鲜亮好看。

准备好鸡软骨、八角、桂皮、香叶、姜片、冰糖备用。 ①

鸡软骨冷水下锅，待水煮沸后捞起。 ②

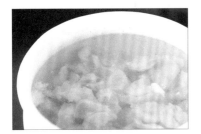

锅里放少许油，放入 5 克白糖，待白糖变成褐色后倒入鸡软骨炒出糖色。翻炒片刻后加入八角、桂皮、香叶、姜片炒香，最后加入红烧汁 15 毫升、老抽 5 毫升翻炒均匀。 ③

倒入热水没过鸡软骨，加入 10 克冰糖、少许盐，盖上锅盖，大火烧开后转小火慢炖。 ④

待水收至 1/3 时尝味，根据个人口感加入少许盐、鸡精调味。 ⑤

淀粉加少许水调成淀粉水，转大火将酱汁煮沸，倒入用水调好的淀粉勾芡至酱汁浓稠即可。 ⑥

STORY

第 十 个 故 事

做饭的时候喜欢听歌，有时候遇见喜欢的歌便会一直单曲循环。

"Love is you , you and me. Love is knowing, we can be……"

"似等了一百年忽已明白，即使再见面，成熟地表演，不如不见。"

切菜的笃笃声响和那首喜欢的歌混在一起，仿佛世界消失，安静得只剩自己。

单曲循环症候群不论是听歌还是吃饭都像是一场强迫症之间的博弈，找到了下一首循环曲目时才会进行切换。

每首循环过的歌不论是歌词还是曲调吸引你，

都印刻着当时的心情，

就像每煮一餐饭，也会烙下关于某个人、某段故事的痕迹。

开心有时、难过有时，或是感同身受，或是想起了谁……

现在，你停留在哪一首单曲循环里？

Tuesday ×

黑椒菌菇牛肉蛋盖饭

{ 少女情怀总是诗 }

材 料

◎ 牛肉 / 200 克

◎ 白玉菇 / 150 克

◎ 长青椒 / 1 个

◎ 红薯淀粉 / 15 克

◎ 鸡蛋 / 2 只

◎ 水 / 25 毫升

◎ 黑椒酱 / 75 毫升

◎ 牛奶 / 15 毫升

◎ 盐 / 适量

◎ 现磨黑胡椒碎 / 适量

◎ 沙拉酱 / 适量

◎ 柴鱼片（木鱼花）/ 适量

小贴士

如果买不到白玉菇可换成杏鲍菇来制作，但需注意杏鲍菇不可切得太细，否则炸制的时候会容易变干。

白玉菇洗净，长青椒斜切备用。牛肉切细长条，加入红薯淀粉15克、水25毫升、黑椒酱15毫升、盐、现磨黑胡椒碎腌制20分钟以上。 ①

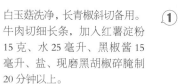

锅里放油，将白玉菇炸至金黄后捞起。 ②

锅里放油，倒入腌制好的牛肉翻炒至变色。 ③

放入炸好的白玉菇翻炒均匀。 ④

放入长青椒翻炒片刻，加入60毫升黑椒酱、少许盐、白糖翻炒均匀，最后撒上些许黑胡椒碎，起锅备用。 ⑤

鸡蛋打散，加入15毫升牛奶搅拌均匀。平底锅放少许油，待锅热后倒入蛋液煎成蛋片，将蛋片铺于米饭上，再放上炒好的菌菇牛柳，挤上沙拉酱，撒上柴鱼片（木鱼花）即可。 ⑥

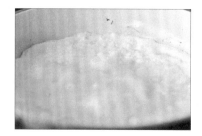

第一次知道《向左走，向右走》这个故事，我正在一家小书店里。

那天突然下起大雨，没带伞的我只能寻个地方暂时躲雨。那时厦大边上的书店还是门庭若市，好不容易挤进去抬头看到的第一眼，就是这本书。

画风简洁，文字简单，故事简短，但我看得却是感动非常。只在公园见过一面的两个人，虽因一场大雨意外失去了彼此的联系方式，但无论时间过去了多久，他们谁都没有停止过想寻找对方的那份心思。

后来歌曲《遇见》风靡了大江南北，电影上映后，又听到了《向左走，向右走》这首歌。静静地这么听着听着，却听出了故事里每一个情节的跌宕起伏，听出了故事里每一种情感的起承转合。

在哪里遇见谁，会发生什么样的故事，这一点我们谁都不知道，可"人生总有许多巧合，两条平行线也可能会有交汇的一天"。

以前如此，现在亦是如此。

再后来，谈了几场恋爱，遇到了一些人，听到了许许多多光怪陆离的爱情故事，可如今再一次看到这本书时，内心依旧感动非常。

我想，十多年后的今天，无论外表如何变化，我还是那个背着书包在书店躲雨，随手翻开了一本书，内心向往着干净纯粹美好爱情的16岁少女吧。

嗯，少女情怀总是诗，我把日子写成诗，诗的背后，全是你的名字。

草莓 + 核桃豆浆 + 奶香脆菇 + 照烧鸡腿饭

照 烧 鸡 腿 饭

﹛只言你好，不言再见﹜

材 料

◎ 鸡腿肉 / 320 克

◎ 红烧汁 / 15 毫升

◎ 豉油鸡汁 / 15 毫升

◎ 淀粉 / 8 克

◎ 盐 / 适量

◎ 五香粉 / 适量

酱汁:

◎ 豉油鸡汁 / 30 毫升

◎ 红烧汁 / 30 毫升

◎ 味淋 / 15 毫升

◎ 白糖 / 5 克

◎ 水 / 200 毫升

小贴士

鸡腿肉腌制得越久越好,可放冰箱隔夜冷藏腌制,这样做出来的照烧鸡腿会更加入味更加好吃。

鸡腿可先泡水半小时后去除腿骨,用肉锤或刀背将鸡腿肉拍松,变得稍薄稍大些。 ①

在装有剔骨鸡腿肉的碗里加入红烧汁 15 毫升、豉油鸡汁 15 毫升、淀粉 8 克、盐、鸡精、五香粉少许搅拌均匀,腌制 20 分钟以上。 ②

锅里放少许油,将鸡腿鸡皮朝下用中小火煎至两面金黄。 ③

倒入调制好的酱汁,盖上锅盖大火煮开,中途记得将鸡腿翻面。 ④

待酱汁收至剩 1/3 后尝味,根据个人喜好加入少许盐,最后倒入少许用水调好的淀粉勾芡即可。 ⑤

喜欢，是一场荷尔蒙的运动。有时候你甚至控制不住自己的情绪，拥有了许多你始料未及的小性子。

一个女生真的喜欢上了一个人，无论在外人面前多么高冷矜持，在你面前也一定是可爱的。她会跟你分享她所有的喜怒哀乐，她会因为你的一句话欢喜或悲伤，会吃醋，会伤心，会胡思乱想，会无理取闹，会像个少女一样伤心就哭，开心就笑。若是不喜欢，便不会有情绪波动，变成一场事不关己的过去。

而男人也是一样的。我曾经见过一个男人在外人面前秉节持重、沉稳礼貌，可一回到家对着妻子时却是笑得憨傻可爱像个不更事的少年一般，完完全全判若两人。因为大多数的男人，内心都住着一个孩子，长不大的少年。

少年，如若说了"你好"，就请不要说"再见"啊。

[W]ednesday ×

草莓 + 米饭 + 豆浆 + XO酱炒菌菇 + 清炒西兰花 + 炸虾仁

XO 酱 炒 菌 菇

{ 当菌菇小姐遇见了 XO 酱先生 }

材 料

◎ 杏鲍菇 / 180 克

◎ 白玉菇 / 200 克

◎ 青椒 / 半个

◎ 红椒 / 半个

◎ XO 酱 / 30~40 毫升

◎ 盐 / 适量

小贴士

白玉菇和杏鲍菇不可炸得太干，否则口感不好。喜欢吃辣味的话可以适当放两个小米椒或者选择辣味 XO 酱。

锅里放油烧热，放入白玉菇、杏鲍菇，炸至变黄后捞起备用。 ②

锅里放少许油，放入青椒、红椒丝翻炒至变软。 ③

倒入炸好的菌菇，翻炒片刻，加入 30~40 毫升的 XO 酱翻炒均匀，最后根据个人喜好加入适量盐，即可。 ④

白玉菇洗净沥干，杏鲍菇切成长条（不可切得太细），青椒、红椒切细丝备用。 ①

· STORY 第 十 三 个 故 事 ·

我认识一个女孩，她叫沫沫。

她失恋的那天，我陪她吃饭，点了一大桌菜，她独对这道 XO 酱炒菌菇吃得停不下口，口齿不清地说着菌菇和这个酱怎么那么搭，说着说着便低头闷声不说话。

是失恋的情绪化为食欲也好，或是伤心疲惫饿了也罢，我总觉得只要还能吃得下饭，事情就没到那么糟糕。

料理的世界里尚有搭配，更何况是人？

你选择了小一码的鞋子走着路，你吃着比平时辣许多的菜肴……

走久了脚会疼会破皮会流血，不能吃的辣度会胃痛会难受……

与人相处便是如此，两个不合适的人在一起就像油和水，无论你多么努力多么用心地搅拌，最终，都是没有办法融合在一起的。

如人饮水，冷暖自知。

愿你也能找到那个合适的人。

就像菌菇遇见了 XO 酱，会催生出最美妙的味道。

青　紫　米　肉　洋　酱
枣　菜　饭　糜　葱　汁
　　汤　　四　炒　面
　＋　　＋　＋　季　蛋　筋
　　　　　　豆　＋　＋

W|ednesday　×　◠⌣◠

肉 糜 四 季 豆

{一茶一饭，相伴白头}

材 料

◎ 肉糜 / 200 克

◎ 四季豆 / 400 克

◎ 沪式甜酱 / 15 毫升

◎ 淀粉 / 8 克

◎ 海鲜酱油 / 5 毫升

◎ 姜丝 / 适量

◎ 料酒 / 适量

◎ 盐 / 适量

◎ 水 / 少许

小贴士

四季豆焯水时水里可放少许盐，这样炒时颜色会更鲜艳。切记四季豆要煮至全熟方可食用，否则容易引起食物中毒。

肉糜用沪式甜酱 15 毫升、淀粉 8 克、料酒、盐和少许水搅拌均匀，腌制 10 分钟以上。四季豆去丝，折成两段，焯水 1 分钟后捞起过凉备用。 ①

锅里放少许油，爆香姜丝后放入腌制好的肉糜翻炒至变色，盛起备用。 ②

再放入少许油，倒入四季豆翻炒片刻，加入少许盐、鸡精翻炒均匀。 ③

倒入肉糜，加入海鲜酱油 5 毫升翻炒均匀，倒入小半碗水（约 150 克），盖上锅盖大火煮开收汁。 ④

待汁水收干后尝味，根据个人喜好加入少许盐即可。 ⑤

电饭煲里冒着腾腾热气，狗狗就在我们脚边转悠。

我在厨房剁着肉糜，你摘四季豆，锅里煲着汤，我俩说着话，听着电视机里的话题，聊着爱与家。

"有人能与你同甘，有人能跟你共苦，在你露出最脆弱的一面时，有人能毫无保留地拥抱你，愿意替你挡住外界那些风风雨雨，这才是有担当的爱，这才是你需要的爱。"我想了想，这么回应着那档节目的话题。

愿那个爱你的人，是你愿意毫无保留将心托付之人。

愿那个你爱的人，是愿意为你倾尽所有替你遮风挡雨之人。

愿有岁月可回首，且以情深，共白头。

 Wednesday × 🍚

红烧茄子 + 清炒西兰花 + 香煎鳕鱼 + 米饭 + 樱桃 + 豆浆

红 烧 茄 子

{ 意外的惊喜 }

材 料

◎ 长茄子 / 1 个

◎ 大蒜 / 4~5 颗

◎ 淀粉 / 适量

◎ 盐 / 适量

酱汁:

◎ 红烧汁 / 15 毫升

◎ 蚝油 / 8 毫升

◎ 海鲜酱油 / 15 毫升

◎ 水 / 200 毫升

◎ 糖 / 8 克

小贴士

茄子用油炸过口感会好很多。如果觉得炸过的茄子热量太高的话，可以换平底锅煎至表面金黄即可。

长茄子切长条备用。

锅里放油，将茄子炸至表面微黄后捞起。

锅里放少许油，炒香大蒜。

倒入炸好的茄子翻炒片刻。 ④

倒入调制好的酱汁，大火煮开。 ⑤

待酱汁收至 1/3 时尝味，根据个人喜好加入少许糖、盐，最后倒入用水调好的淀粉勾芡即可。 ⑥

STORY

第十五个故事·

　　小时候的我特别不喜欢吃茄子。可有一天无意中吃了一口后就无可救药地喜欢上了茄子。后续又发现茄子无论蒸、煮、炸、炒、煎、炖、烤、焖都非常好吃。

　　真的很庆幸自己当时尝了一口，不然感觉此生就要错过一道全能美食了。

　　所以啊，什么事都不要因为第一眼不喜欢就不愿意去接触，也许，接触下来有意外的惊喜也说不定呢。

豆浆 ＋ 提子 ＋ 米饭 ＋ 咸蛋黄焗南瓜 ＋ 青椒炒牛肉

Wednesday ×

青 椒 炒 牛 肉

{ 谢谢你出现在我生命里 }

材 料

◎ 青椒 / 1 个

◎ 牛肉 / 200 克

◎ 红薯淀粉 / 30 克

◎ 水 / 50 毫升

◎ 海鲜酱油 / 适量

◎ 盐 / 适量

◎ 姜丝 / 适量

小贴士

切牛肉时横着切，需将纤维纹路切断，横切面呈现"井"字形，这样口感会更嫩。牛肉片也需尽量切薄，炒制时也会更入味一些。

青椒洗净切块备用。

牛肉加入红薯淀粉 30 克、水 50 毫升、海鲜酱油、盐适量，搅拌均匀，腌制 20 分钟以上。 ②

锅里放油炒香姜丝，加入腌制好的牛肉翻炒至变色后盛起备用。

锅里放油，倒入青椒、加入少许盐炒至断生。 ④

倒入炒好的牛肉翻炒均匀。

加入少许海鲜酱油翻炒，最后根据个人喜好加入适量盐即可。

生命中有许多瞬间，被我们铭记。

记得我第一次见到那个人的感觉。

记得他第一次跟我说话的表情；记得他把他的耳机塞到我耳朵里的那个瞬间；记得我们一起坐公交车时的情景；记得他做饭时的背影和回头对我笑的眼神；更记得他拿手的青椒炒牛肉的味道……

只是时光，敌不过距离。

后来我才明白，原来天各一方，其实只需要一个白天或者一个黑夜。

谢谢，在我生命最值得珍藏的那个年纪里出现的人。

谢谢，给我留下了一生都无法忘怀的美好的人。

谢谢，让我吃到了此生难忘的那道菜的人。

Wednesday × 🍚

↖

糙米豆浆 + 蓝莓 + 米饭 + 鱼香肉丝 + 清炒西兰花 + 酱汁面筋

鱼　香　肉　丝

{舌尖的乡愁，是家的味道}

材 料

◎ 瘦肉 / 200 克

◎ 青椒 / 半个

◎ 红椒 / 半个

◎ 新鲜黑木耳 / 5~8 朵

◎ 胡萝卜 / 半个

◎ 干辣椒 / 1 个

◎ 大蒜 / 3 颗

◎ 淀粉 / 8 克

◎ 郫县豆瓣酱 / 20~25 克

◎ 料酒 / 适量

◎ 油 / 适量

◎ 水 / 适量

◎ 盐 / 适量

酱汁：

◎ 糖 / 20 克

◎ 白醋 / 15 毫升

◎ 酱油 / 8 毫升

◎ 老抽 / 2 毫升

◎ 料酒 / 8 毫升

◎ 水 / 120 毫升

青椒、红椒、黑木耳、胡萝卜
切丝，大蒜切成蒜泥，干辣椒切
两瓣备用。

瘦肉切细丝，加入淀粉 8 克、
水 15 毫升，盐、料酒、油适量，
腌制 10 分钟。

糖 20 克、白醋 15 毫升、酱油 8 ③
毫升、老抽 2 毫升、料酒 8 毫升、
水 120 毫升调制成酱汁备用。

小贴士

 肉丝要尽量切细一些，这样炒制
时更容易入味，豆瓣酱的量可根
据个人喜好增减。

锅里放油烧热，放入腌制好的 ④
瘦肉丝翻炒至变色后盛起。

锅里放油烧热，先放入大蒜泥、 ⑤
干辣椒炒香，再放入青椒、红椒、
黑木耳、胡萝卜丝翻炒片刻。

加入瘦肉丝翻炒均匀。 ⑥

加入 20~25 克郫县豆瓣酱翻炒 ⑦
均匀后，倒入调制好的酱汁，
盖上锅盖大火焖煮 2 分钟。

根据个人喜好加入适量盐、糖， ⑧
最后倒入用水调好的淀粉勾芡
即可。

刚毕业那年，在实习的公司认识了一位姐姐。

姐姐是个很会做饭的人，她的便当里也时常会出现那道鱼香肉丝。原本以为是她特别喜欢这道菜，后来才得知是姐姐过世的妈妈以前经常做给她吃的。姐姐一直想做出妈妈的味道，可是无论如何努力，她却总感觉味道缺了些什么。

有一种味道你说不出来，只有舌头能记得住它，这种味道会带你陷入了对往事的回忆里——比如从前爷爷做的红烧肉，奶奶做的卤猪舌，妈妈做的糖醋排骨，爸爸做的红烧猪蹄。

这些菜的味道其实都已经刻在了味蕾的深处，有时候想吃的不是菜，而是一种眷恋。

不知道这么多年过去了，姐姐做出了那个味道没，那个记忆里，妈妈专属的味道。

橙子 + 燕麦花生浆 + 清炒西兰花 + 嫩虾滑蛋 + 土豆炖排骨

嫩 虾 滑 蛋

{一个人的光阴，没什么不好}

材 料

◎ 鲜虾 / 15 只

◎ 鸡蛋 / 4 只

◎ 牛奶 / 15 毫升 (可换水)

◎ 胡椒盐 / 适量

◎ 淀粉 / 适量

◎ 柠檬汁 / 适量

◎ 盐 / 适量

◎ 白胡椒粉 / 适量

◎ 小葱 / 适量

小贴士

鲜虾也可换成速冻虾仁，焯水的时间不可过长，时间过长虾仁口感容易变老。

鲜虾洗净去壳，取出鸡蛋 3 个，小葱切细备用。　①

虾仁里加入一只蛋清、淀粉、柠檬汁、胡椒盐适量腌制 10 分钟以上。　②

3 只鸡蛋打散，加入 15 毫升牛奶、30 毫升用水调好的淀粉（淀粉水不可太薄），少许盐、胡椒粉，搅拌均匀备用。　③

腌制好的虾仁焯水 10 秒后捞起备用。　④

锅里放少许油，待锅热后倒入蛋液，待底部蛋液凝固时放入虾仁。　⑤

快速将蛋液与虾仁搅拌均匀，撒上少许白胡椒粉和葱花即可。　⑥

STORY

·第十八个故事·

一个人的时候，我经常做这道菜给自己吃，没人跟我抢，一人吃完一盘可开心了。

其实想想，一个人吃饭，一个人逛街，一个人看电影，一个人旅行，一个人K歌的时候啊真没想象中的那么惨。

一个人逛街买东西不用去征询别人意见；

一个人看电影想哭就哭哭花了妆也无所谓；

一个人旅行可以按照自己的想法爱去哪去哪；

一个人K歌就算跑调跑到天际都没人会笑你；

一个人吃饭每当看到那种第二份半价时心理活动是这样的："太好了，终于有理由可以吃双份了。"

总而言之，一个人的日子没什么不好，与其跟不喜欢的人做同一件事，不如自己一个人完成来得更开心。

千万不要因为孤单去选择跟另一个人在一起，因为，那样只会让自己更孤单。

轻 食 简 餐，一 样 美 味

麦片 + 苹果 + 照烧酱 + 蔬菜鸡肉拌饭

蔬 菜 鸡 肉 拌 饭

{ 给你一碗安心的力量 }

材 料

◎ 鸡胸肉 / 200 克

◎ 青椒 / 半个

◎ 胡萝卜 / 半个

◎ 新鲜黑木耳 / 5 朵

◎ 豆芽 / 1 小把

◎ 淀粉 / 8 克

◎ 豉油鸡汁 / 15 毫升

◎ 海鲜酱油 / 15 毫升

◎ 鸡蛋 / 2 个

◎ 淀粉（收汁用）/ 少许

◎ 盐 / 少许

◎ 五香粉 / 少许

酱汁：

◎ 豉油鸡汁 / 30 毫升

◎ 红烧汁 / 30 毫升

◎ 味淋 / 15 毫升

◎ 糖 / 5 克

◎ 水 / 200 毫升

小贴士

如果来不及腌制鸡肉，可以直接用白水煮鸡胸肉，待熟了捞起用手撕成丝。虽然没有腌制过的好吃，但如果时间不够的话也是个很好的备用方案。

鸡胸肉切成长条块状，加入淀粉 8 克、豉油鸡汁 15 毫升、海鲜酱油15毫升，盐、五香粉适量，搅拌均匀，放入冰箱冷藏腌制 6 小时以上。 ①

豆芽洗净，青椒、胡萝卜、黑木耳切丝备用。 ②

烤盘刷少许油，放入腌制好的鸡胸肉，表面再刷一层油。烤箱预热好后以上火180摄氏度，下火 150 摄氏度，烤 12 分钟。 ③

趁烤鸡肉的空档，将蔬菜丝在
开水中焯水断生后捞起（水里
放少许盐）。 ④

将调制好的酱汁倒入锅内大火
烧开，熬煮至酱汁剩下一半左
右尝味（酱汁可根据自己喜好
增加熬煮的时间），可适量加
少许盐，最后倒入用水调好的
淀粉勾芡即可盛出备用。 ⑤

煎两个太阳蛋备用。 ⑥

烤好的鸡肉撕成鸡肉丝，碗里
盛米饭，先浇上调制好的酱汁，
依次摆上豆芽、青椒、胡萝卜、
黑木耳、鸡肉丝，最后盖上一
个太阳蛋即可。 ⑦

我认识一个女孩，她以前吃荷包蛋只吃蛋白不吃蛋黄，那时她跟男孩认识半年左右，有回男孩兴起，聊天的当下便邀女孩去了一家老字号门店，为她点了招牌的蔬菜鸡肉拌饭。

那家店门面很小，顾客不算多，点的餐很快就上齐了。

拌饭上有一个煎蛋，女孩怕男孩嫌她挑食，不动声色地把蛋白吃完后慢慢将蛋黄移至碗边。他们边吃边聊着，突然男孩把自己碗里的蛋白夹到了女孩的碗里，再从女孩的碗里把那个蛋黄给舀了出来。

只听男孩说："我知道你不喜欢吃蛋黄，那以后咱们就交换，我负责吃蛋黄，你就负责吃蛋白，好吗？"女孩从刚开始的惊讶慢慢变成欣喜，她夹起男孩给她的蛋白咬了一口，低着头，点点头，说了句："好。"

其实那天蔬菜鸡肉拌饭的味道女孩早已想不起来了，因为，女孩的心里，只装下了那第二个蛋白的味道。

⊤hursday × 🍚

菠萝 + 花生浆 + 米饭 + 蘑菇炒蛋 + 清炒荷兰豆 + 宫保鸡丁

宫 保 鸡 丁

{ 愿你把生活过得喜乐、浪漫 }

材 料

◎ 鸡胸肉 / 300 克

◎ 胡萝卜 / 100 克

◎ 黄瓜 / 120 克

◎ 红皮花生 / 70 克

◎ 干灯笼椒 / 8~10 个

大蒜 / 3~4 瓣

◎ 郫县豆瓣酱 / 35~40 克

◎ 淀粉 / 8 克

◎ 花椒 / 适量

◎ 盐 / 适量

◎ 鸡精 / 适量

◎ 五香粉 / 适量

◎ 料酒 / 适量

酱汁：

◎ 海鲜酱油 / 15 毫升

◎ 料酒 / 15 毫升

◎ 白糖 / 30 克

◎ 白醋 / 20 毫升

小贴士

如果不爱吃花椒的麻味可以不放，做出来一样美味。

胡萝卜、黄瓜、鸡胸肉切丁，切丁后的胡萝卜焯水 1 分钟后捞起。大蒜切块，干灯笼椒对半切，花生米、花椒取出备用。

鸡胸肉加入淀粉 8 克、水 15 毫升，少许盐、鸡精、五香粉、料酒，搅拌均匀，腌制 15 分钟。 ②

冷油下锅，放入花生米，待油热后会听到噼啪声，听到声音过后 30 秒~1 分钟捞起花生米，待冷却后备用。 ③

锅里放少许油烧热，将腌制好的鸡胸肉丁爆炒至变色后盛起备用。 ④

锅里再放少许油，放入大蒜块、干灯笼椒、花椒炒香。 ⑤

放入胡萝卜丁、黄瓜丁翻炒30 **⑥**
秒后加入鸡肉丁翻炒。

加入 35~40 克郫县豆瓣酱继续 **⑦**
翻炒30秒，再加入调制好的酱
汁翻炒，大火收汁。待汁水收
至一半后尝味，倒入炸好的花
生米翻炒均匀即可。

STORY

·第二十个故事·

以前觉得情人节必须得过得热闹、过得开心、过得浪漫。可现在想想，情人
节真的就是普普通通的一天——

你觉得生活里需要浪漫吗？

我觉得生活里是需要浪漫的。这里的浪漫不是指后备箱的999朵玫瑰；不
是指海滩上特意摆成心形的蜡烛；不是指为了你去放那满天的孔明灯；不是指
蛋糕里吃出的戒指。

它就是一种感觉，就像两个人在屋子里，我盘起头发坐在电脑面前听歌、
修图，贝贝懒懒地在我脚边睡觉，而你在一旁安安静静地看书，偶尔抬头对望
一眼就能有那种不言而喻的默契感，我们什么都不用说，一个眼神就能明白对
方的心思；或是我在厨房洗菜，你在一旁做饭，电饭煲里冒着腾腾热气，贝贝
摇着尾巴在脚边转来转去，单就这样，已让人觉得浪漫之至。

就像是那句大家常说的话一样，若是爱对了人，每天都在过情人节。

愿你所有的言不尽意对方都能够心领神会。

愿你所有的含蓄深婉都能连接对方的心照不宣。

嗯。

愿你把生活过的幸福美满、浪漫喜乐。

豆浆 + 苹果 + 米饭 + 鱿鱼炒黄瓜 + 白菜豆腐煲

Thursday ×

鱿 鱼 炒 黄 瓜

{ 成长是 18 岁那一年的旅行 }

材 料

◎ 黄瓜 / 1 条
◎ 鱿鱼 / 2 只（约250克）
◎ 盐 / 适量
◎ 鲍鱼汁 / 适量
◎ 蔬之鲜 / 适量

小贴士

菜肴中可适量加入蔬之鲜提味。
蔬之鲜属于调味料，也可用鸡精
代替。

鱿鱼焯水 10 秒后捞起。 ②

锅里放油烧热，放入黄瓜翻炒
至断生。 ③

鱿鱼洗净切圈，黄瓜斜切成小
块备用。 ①

倒入鱿鱼圈翻炒片刻，加入少
许盐、蔬之鲜、鲍鱼汁翻炒均
匀即可。 ④

STORY

第二十一个故事

对于一个从18岁以后就独自出门旅行的我来说，旅行的意义真的太大了。

我们总有这种时候，学习累了想出门旅行，失恋了想出门旅行，工作闷烦了想出门旅行，心里有事儿的时候想出门旅行，总是觉得旅行回来事情一切都能解决，可是有时候玩了一圈回来后会发现，事情没解决反倒出门那段时间欠下一堆的学习工作还要慢慢补上。

虽然我去的地方不多，但是每一段行程我都记得清清楚楚。

有一年工作到特别厌烦，借着小长假出门玩了几天，玩的时候是很开心，可等回程到了机场时，我才发觉对于工作的厌烦情绪并没有因为这次旅行而改变，反倒是有增无减，一想到回去该做的工作还要做，该面对的领导还是要面对，有那么一瞬间很想就留在这儿不想回去了，这种感觉是我前所未有过的，所以当时我真的不知道到底应该怎么来调节自己。

直到后来年纪大了些，出门的次数也多了些，我才明白我其实是把那次旅行当作逃避工作的一个借口，旅行的时候疯玩，自动屏蔽那些该面对的问题，假装所有的事情都解决了，其实到头来就会发现，这种想法只会让事情变得更糟糕。

如果遇到了问题导致我们想出门旅行，那应该是要换一个能让你有独立思考的新环境，在那儿你可以静静地找出问题的突破口，也许回来后问题还在，但毕竟你的心态已经跟出发前不一样了，你可以用更好的状态去面对这些问题，因为你在这段行程中思想也是在成长的。

当然，我们也可以把旅行当作是给自己的奖励，给辛苦工作的自己放一个长假，让自己好好享受这个假期。

切换到爱情的角度来说，其实只要两个人在一起，真的无所谓去哪，只要你在身边就好。

嗯，有时候，就是因为想和你一起走遍天涯海角，所以才会介意那些你已经走过的地方。

草莓 + 麦片 + 清炒土豆丝 + 糖醋里脊盖饭

Thursday ×

糖 醋 里 脊

{我愿再多一点，生活的甜}

材 料

◎ 瘦肉 / 250 克

◎ 番茄 / 半个

◎ 鸡蛋 / 1 只

◎ 大蒜 / 3 颗

◎ 面粉 / 20 克

◎ 淀粉 / 10 克

◎ 水 / 25 毫升

◎ 盐 / 少许

◎ 胡椒粉 / 少许

◎ 鸡精 / 适量

◎ 料酒 / 适量

酱汁：

◎ 番茄酱 / 60 毫升

◎ 糖 / 20 克

◎ 海鲜酱油 / 5 毫升

◎ 白醋 / 5 毫升

◎ 水 / 250 毫升

小贴士

里脊肉不可炸太久，否则肉质容易老。糖醋汁可以根据个人喜好增减番茄酱的量。

瘦肉用刀背拍松后，切成手指粗细的长条。准备番茄、鸡蛋、大蒜、淀粉和面粉备用。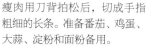

在切好的肉条里加入一只鸡蛋，适量盐、鸡精、料酒、胡椒粉腌制 20 分钟以上。

腌制好后加入面粉 20 克、淀粉 10 克、水 25 毫升搅拌均匀（水根据面糊浓稠度增减，不可太厚）。

倒入调制好的酱汁，加少许盐， ⑥
中火煮至番茄变烂。

锅里放油，待油温八成热后放 ④
入肉条炸 1~1.5 分钟后捞起，
再复炸一次，第二次炸 30 秒~1
分钟，表面金黄后捞起备用。
第一次炸是为了将肉炸熟，而
第二次炸则会色泽金黄，特别
香酥。

待酱汁熬至 1/2 时加入用水调 ⑦
好的淀粉勾芡至酱汁浓稠，根
据个人喜好加入适量糖、白醋、
盐、鸡精。

番茄切小块，锅里放少许油，⑤
放入大蒜炒香，再加入番茄爆
炒。

倒入炸好的里脊肉条翻炒均匀 ⑧
即可。

我记得你跟我说过最喜欢吃的就是我做的糖醋里脊，只是不知道你还记不记得，我当时嘴角上扬三十度的那个笑容。

听见你跟我说话的声音，
听你夸我做的饭好吃，
听到别人说起你的名字，
不经意看到你写过的文字，
嘴角都会不自觉上扬三十度。

嘴角上扬三十度，是我爱你的弧度。

橙子 + 糙米豆浆 + 米饭 + 杏鲍菇肥牛 + 黄瓜炒鱼卷 + 榄菜肉碎

Thursday ×

榄 菜 肉 碎

{ 值得珍惜的不仅有美食，还有人 }

材料

◎ 长豇豆 / 300~400 克

◎ 肉糜 / 200 克

◎ 橄榄菜 / 2~3 勺

◎ 姜丝 / 适量

◎ 盐 / 适量

◎ 糖 / 适量

◎ 料酒 / 适量

小贴士

喜欢吃脆一些的可以将长豇豆炸得久一点、炸得干一些，这种做法吃起来口感也很棒。

长豇豆切成小丁备用，肉糜加入少许料酒腌制片刻。

锅里放油，将长豇豆炸至表面变微黄后捞出。 ②

锅里放少许油烧热，炒香姜丝后放入腌制好的肉糜煸炒至肉糜表面变黄（不可炒得太干）。 ③

倒入炸好的长豇豆丁翻炒片刻后加入 2~3 勺橄榄菜。 ④

根据个人喜好加入适量盐、白糖，翻炒均匀即可。

三年前跟朋友到鹿港小镇吃饭时印象最深的就是榄菜肉碎这道菜。

口味咸香，很是下饭，那一餐我们吃的是津津有味、相谈甚欢。

可现在回过头来看，当时围桌吃饭的几个朋友慢慢都淡了联系，在朋友圈里已沦为点赞之交。

后来想想，其实每个阶段都会有每个阶段的朋友，无论是你变了或是他（她）变了，这段关系都是会朝着不同的轨迹发展的。有的人来了，有的人走了，有的人留下了……虽然留下来的所剩无几，但是真的希望你们都能留到最后。因为，我们不都是对方选定好的人吗？所以不要这么轻易就说再见啊。

↖

Thursday × 🍲

糙米豆浆 + 提子 + 米饭 + 清炒荷兰豆 + 香煎鳕鱼 + 彩椒肉丝

彩 椒 肉 丝

{ 莫羡他人，莫贬己身 }

材 料

◎ 青椒 / 半个

◎ 红椒 / 半个

◎ 黄椒 / 半个

◎ 瘦肉 / 200 克

◎ 淀粉 / 8 克

◎ 沪式甜酱 / 15 毫升

◎ 盐 / 适量

◎ 水 / 适量

◎ 料酒 / 适量

◎ 姜丝 / 适量

◎ 海鲜酱油 / 适量

小贴士

青椒热量低，还能促进消化、加快脂肪代谢，跟瘦肉一起食用营养更均衡。

彩椒切丝备用。瘦肉切成细丝，加入淀粉 8 克、沪式甜酱 15 毫升，少许盐、水、酱油、料酒，搅拌均匀腌制 10 分钟。 ①

锅里放少许油，先炒香姜丝，再放入腌制好的肉丝炒至变色后盛起备用。 ②

锅里放少许油烧热，倒入彩椒丝，加入少许盐炒至彩椒丝变软。 ③

倒入炒好的肉丝，加入适量海鲜酱油翻炒片刻尝味，根据个人喜好加入少许盐即可。 ④

我小时候很喜欢吃奶奶炒的这道菜，所以当时立志一定要做出一模一样的味道。

现在有人说羡慕我会做饭又会拍照，可有段时间我却很羡慕我们家襁褓中的小侄女，小朋友无忧无虑，什么都不用想，饿了就哭，饱了就笑，困了就睡，醒了就闹。

你看，你羡慕我，我羡慕她，她羡慕他，他羡慕它。我们每个人都在不同程度地羡慕着别人，别人身上那些不曾在意的东西我们都会加以想象变若珍宝，但其实大多数情况下并不是如你想象中的这般。

所以不要过多地去羡慕别人了，每个人的生活都是不同的。也许，你在羡慕别人的同时别人也同样在羡慕着你呢。

$\boxed{F}$ riday × 🍴

燕麦浓浆 + 蓝莓 + 黑椒酱 + 烤芦笋 + 清炒彩椒 + 米饭 + 黑椒鸡排

黑 椒 鸡 排

{ 愿这青春无敌 }

材　料

◎ 鸡腿 / 2 只

◎ 黑椒酱 / 15 毫升

◎ 淀粉 / 8 克

◎ 现磨黑胡椒碎 / 适量

◎ 五香粉 / 适量

◎ 盐 / 适量

◎ 糖 / 适量

酱汁：

◎ 黑椒酱 / 45 毫升

◎ 水 / 45 毫升

小贴士

制作好的黑椒鸡排不仅可以配饭，夹着面包做成黑椒鸡排三明治味道也非常好。

鸡腿可先泡水半小时后去除腿骨，用肉锤或刀背将鸡腿肉拍松，变得稍薄稍大些。 ①

鸡腿肉加入 15 毫升黑椒酱、8 克淀粉，少许水、盐、五香粉，现磨黑胡椒碎搅拌均匀，腌制 20 分钟以上（越久越好，可放冷藏腌制）。 ②

锅里放少许油，将腌制好的鸡腿肉鸡皮朝下煎至两面金黄。 ③

倒入调制好的酱汁，盖上锅盖大火煮开收汁（中途翻一次面），待汁水收干后根据个人喜好加入少许糖提味。 ④

"下课就直奔食堂排队打饭，为的就是这个。"

前段时间找东西时无意找出了以前写的日记，厚厚的六本日记本就这么静静地躺在抽屉里，多久了？十多年了吧，花了一个晚上边笑边哭边看着那些生涩的文字，看着那些现在觉得二到不行的小事也不知当时在我心里占据了多少位置。

偶尔记忆里的片段还能跟日记本上所叙述的事件重合，比如考试没考好怕挨骂偷偷改了成绩单。知道老师要打电话家访偷偷拔了家里所有的电话线。不想上学就装病，把体温计放进水杯里，一不小心失策让温度高到41摄氏度，差点被拉去医院挂点滴。经常跟死党们翘课偷跑去小炒店里吃炒面。跟好朋友为了鸡毛蒜皮的小事吵架吵得两个星期都不说话。用语文书的书皮包着言情小说，然后物理课上拿错书还被老师发现了。每天为了一个人在公交车站等车等得又激动又害羞又紧张。帮好友追女神当过头号神助攻外加传递员。边喝水边听同学笑话一下没忍住全喷到对方脸上。有事没事就模仿家长签名好跟老师交差。考试的时候跟小伙伴们约好把选择题答案放洗手间的老位置共享，结果有一次居然忘记带笔出来抄答案。每次班级大扫除的时候都会记得带一套衣服在书包里，因为那天一定会打一场水仗。心情不好的时候就坐公交车最后一排靠窗的位置从始发站坐到终点站。

就这么看来，我真不算是个好学生，可谁的青春没二过，二二更健康，不二不成长，二事有太多说都说不完。只是日记本里出现的那些熟悉的名字现在也只剩下两三个经常联系的，曾经一起二过的小伙伴们结婚的结婚、生子的生子、出国的出国，而那个最经常出现的名字甚至已经联系不上了，只能从这几本日记上来证明我们彼此都曾出现在对方的世界里。

高中毕业后有多少人就此消失在你的生命里？散伙饭时说好了再见的，怎么就慢慢地渐行渐远再也没见了。

有些人的出现，记录了你那弥足珍贵的青春；而你，也同样在记录着别人的青春。

六本日记，一场年华；几年光阴，一颗心，一些人。

Friday × 🍚

↖

米饭 + 橙子 + 温水 + 咸蛋黄焗南瓜 + 清炒西兰花 + 杏鲍菇肥牛

杏 鲍 菇 肥 牛

{ 咸淡相宜的绝配 }

材 料

◎ 牛肉 / 150 克

◎ 杏鲍菇 / 250 克

◎ 盐 / 适量

酱汁：

◎ 豉油鸡汁 / 30 毫升

◎ 鲍鱼汁 / 15 毫升

◎ 海鲜酱油 / 15 毫升

◎ 味淋 / 15 毫升

◎ 白糖 / 10 克

◎ 水 / 200 毫升

小贴士

牛肉片可用现切的薄牛肉，也可用超市里涮火锅专用的牛肉片。因为牛肉还需要二次下锅，所以焯水的时间不可过长，变色后立马捞起，这样口感不会过老。

准备牛肉片 150 克，杏鲍菇切成丁备用。 ①

牛肉片焯水至偏色后即刻捞起备用。 ②

平底锅里放少许油，放入杏鲍菇丁，煎至杏鲍菇丁变小、表面金黄。 ③

将调制好的酱汁倒入锅内，盖上锅盖，大火烧开。 ④

待汁水收至一半时加入牛肉片翻炒均匀。 ⑤

牛肉不可炒太久，容易变老。翻炒均匀后尝味，根据个人喜好可加入少许盐即可。 ⑥

第
二
十
六
个
故
事
·

杏鲍菇怎么做都好吃，搭配牛肉一起煮味道就更棒了。

新鲜的牛肉片焯水沥干，加入酱汁同煎好的杏鲍菇焖煮。

不出多时，香味便充满整间厨房。

酱汁，咸淡刚好。

牛肉，软硬刚好。

酱汁淋在米饭上，一口牛肉一口菇。

嗯，幸福也不过如此。

樱桃 ＋ 黑米糙米浆 ＋ 米饭 ＋ 拌生菜 ＋ 洋葱炒蛋 ＋ 土豆炖排骨

土 豆 炖 排 骨

{ 相拥的感情，要文火慢炖 }

材 料

◎ 排骨 / 500~600 克

◎ 土豆 / 1 个

◎ 生姜 / 2 片

◎ 八角 / 2 个

◎ 香叶 / 2 片

◎ 大蒜 / 3 颗

◎ 葱白 / 3 条

◎ 白糖 / 5 克

◎ 老抽 / 15 毫升

◎ 海鲜酱油 / 10 毫升

◎ 红烧汁 / 10 毫升

◎ 料酒 / 5 毫升

◎ 盐 / 适量

◎ 热水 / 适量

小贴士

炖排骨时汤汁要稍微偏咸一些，
这样土豆和排骨才能更入味。

排骨可先泡水半小时去除血水，
土豆洗净切大块泡水去淀粉。
准备葱段、八角、香叶、大蒜、
姜片备用。

排骨冷水下锅，煮沸后捞起备
用。 ②

锅里放少许油烧热，放入八角、
香叶、大蒜、姜片爆香，再放
入排骨翻炒，加入白糖5克、
老抽15毫升、海鲜酱油10毫升、
红烧汁10毫升翻炒均匀。 ③

倒入热水盖过排骨，加入葱白
段、少许盐和料酒，大火煮开
后转小火慢炖。 ④

待水收至一半，排骨变稍微软
一些后，加入适量盐，放入土豆，
炖至土豆变软。

待土豆变软后转大火收汁，可
根据个人喜好增加少许盐、糖。 ⑥

在机场吃过一次土豆排骨饭，说不上好吃，但那天留给我的印象特别深。因为隔着一道玻璃，我见到了很多很真挚的感情，父母、子女、爱人、情侣、朋友。

见到开心的挥手说着再见的老友。
见到笑着拥抱道别后，转身就泪流满面的姑娘。
见到执手相看泪眼，竟无语凝噎的情侣。
见到对着孩子千叮咛万嘱咐要小心的母亲。
见到分离时久久不肯离去的爱人。
见到久别重逢笑脸拥抱的死党。
见到放假回家拖着行李箱向父母撒娇的子女。
见到看到孙子孙女就迫不及待抱起来转圈的爷爷奶奶。
见到箭步而冲相拥而吻后含情脉脉的恋人。
也见到喜极而泣互诉衷肠的好姐妹。

看，机场就是这么神奇的地方，它承载着太多的相聚别离，在这里，每个行色匆匆的人们背后都有着属于自己的喜怒哀乐。

↖

糙米浓浆 + 橙子 + 米饭 + 咖喱土豆 + 苦瓜煎蛋 + 红烧鸡翅

F riday × 🍚

红 烧 鸡 翅

{ 长 相 守 }

材 料

◎ 鸡翅 / 10 只

◎ 八角 / 1 个

◎ 桂皮 / 1 块

◎ 香叶 / 2 片

◎ 姜片 / 2 片

◎ 白糖 / 5 克

◎ 红烧汁 / 15 毫升

◎ 老抽 / 5 毫升

◎ 冰糖 / 10 克

◎ 盐 / 适量

小贴士

可以在准备好的鸡翅上划几道小口，以方便入味。

准备好鸡翅、八角、桂皮、香叶、姜片、冰糖备用。 ①

鸡翅冷水下锅，待水煮沸后将鸡翅捞起。 ②

平底锅里放少许油烧热，放入 5 克白糖，待白糖变成褐色后倒入鸡翅炒糖色。翻炒片刻后放入八角、桂皮、香叶、姜片炒香，最后加入红烧汁 15 毫升、老抽 5 毫升翻炒均匀。 ③

倒入热水没过鸡翅，加入 10 克冰糖和少许盐，盖上锅盖，大火烧开后转小火慢炖。 ④

待水收至快干时尝味，根据个人喜好加入少许盐、鸡精调味，待汤汁收至浓稠即可。 ⑤

迄今为止，《大明宫词》已经忘记看了多少次，也是因为这部电视剧，所以喜欢上西安这座城市。

不知道现在看这部剧的人还多不多，不过它占据了我童年对电视剧绝大部分的回忆，不是因为剧情，而是因为剧里的音乐。《长相守》这首曲子陪着我走过了童年、少年、青年，陪着我走过了无数个日日夜夜，我想等到了中年、老年，它也定会一直陪伴在我身边。

其实每个年龄段对待事物的看法都不尽相同。11岁时，看不太懂太平和薛绍之间的爱情，只觉得一个人若是不喜欢你、讨厌你，你又这么痛苦难过，那何必还要在一起；17岁时，看懂了上元灯节的长安街上，太平含泪揭开薛绍面具的那一瞬间，眼底流露出的惊喜和脸上那笑逐颜开的表情；25岁时，看懂了薛绍死时，太平眼神里的情绪，明白了你若是真的爱上一个人，哪怕他故意冷落你、忽视你，即使不开心，你也想要在一起。

太平14岁那年遇见薛绍，武后有一段台词是这样的："我希望她能活得像个真正的女人，遇到一个真心爱她的丈夫，哪怕是普普通通，却让她过着一个真正女人的生活，像花那样被人捧着，哪怕是秋天花败了，也被人像保卫来年春天那样，小心翼翼地爱护。"无论是哪个母亲，都希望自己的儿女能永远平安喜乐、幸福美满，所以她才主宰了太平的命运。可她能控制得了故事的开头，却无法掌控故事的走向，虽然薛绍最终还是爱上太平，可这段爱情故事却也到此戛然而止。

我想，若是故事只停留在太平和薛绍上元灯节长安街上的首次相遇，那太平在多年以后回想起那副明亮的面孔和徐徐绽放的柔和笑容时，心里仍旧会保留着少女时期的那一丝娇羞与美好吧，可这一切，恰似应了那句诗——"人生若只如初见，何事秋风悲画扇。"

"去年元夜时，花市灯如昼。月上柳梢头，人约黄昏后。

今年元夜时，月与灯依旧。不见去年人，泪湿春衫袖。"

嗯，你说，刚接触你的名字的时候，谁又能想到，后来会发生这么多的故事呢？

Friday × 〇

↖ 米饭 + 麦片 + 草莓 + 清炒西兰花 + 清炒土豆丝 + 糖醋排骨

糖 醋 排 骨

{ 嘴馋，是一种甜蜜的快乐 }

材 料

◎ 排骨 / 300~400 克

◎ 番茄 / 半个

◎ 鸡蛋 / 1 只

◎ 大蒜 / 3 颗

◎ 面粉 / 30 克

◎ 淀粉 / 15 克

◎ 水 / 50 克

◎ 盐 / 少许

酱汁：

◎ 番茄酱 / 60 毫升

◎ 糖 / 20 克

◎ 海鲜酱油 / 5 毫升

◎ 醋 / 5 毫升

◎ 水 / 250 毫升

小贴士

第一遍炸排骨时油温不可过高，以防外表炸焦了，而内里不熟。当油六七成热时即可放入排骨，炸至排骨变微黄后捞起后再次复炸至金黄，糖醋汁可以根据个人喜好增减番茄酱的量。

排骨洗净先泡水半小时。准备 ① 番茄、鸡蛋、大蒜、淀粉和面粉。

用面粉 30 克、淀粉 15 克、水 ② 50 克、鸡蛋调制成面糊搅拌均匀备用（根据面糊浓稠度增减水量，不可太厚）。

锅里放油，排骨裹一层面糊， ③ 待油温八成热后炸至表面变黄捞起，再入油锅复炸一次，第二次炸 30 秒~1 分钟，表面金黄后捞起备用。

番茄切小块，锅里放少许油烧 ④ 热，放入大蒜炒香，再加入番茄爆炒。

倒入调制好的酱汁，加少许盐， ⑤ 中火煮至番茄变烂。

待酱汁熬至 1/2 时加入用水调 **⑥**
好的淀粉勾芡至酱汁浓稠。根
据个人喜好加入适量糖、白醋、
盐。

倒入炸好的排骨翻炒均匀，撒 **⑦**
上芝麻点缀即可。

　　糖醋排骨是继海鲜炒面之后我第二爱吃的菜了，妈妈最拿手的菜也是糖醋
排骨。

　　小时候只要她一做这道菜就会叫我给隔壁小伙伴们一人送一盘过去，那个
时候我每送一盘都会在路上偷偷吃掉一小块，以至于送完几盘我也就吃得差不
多饱了，可就算是这样，只要一回到家，我还是会努力地把最后那一盘给吃得
干干净净的。

　　长大后细细回想起来，其实小时候被叫"小胖妞"，也不是没有原因的啊。

冬枣 + 温水 + 米饭 + 清炒南瓜 + 苦瓜煎蛋 + 红烧肉 ↗

Friday × 🍲

红 烧 肉

{爷爷的红烧肉，是挂念的味道}

材 料

◎ 五花肉 / 500~600 克

◎ 大葱段（葱白部分）/ 半根

◎ 姜片 / 2 片

◎ 老抽 / 10 毫升

◎ 红烧汁 / 20 毫升

◎ 冰糖 / 10 克

◎ 香叶 / 3 片

◎ 八角 / 5 个

◎ 桂皮 / 2 块

◎ 白糖 / 5 克

◎ 料酒 / 适量

◎ 盐 / 适量

小贴士

1. 五花肉一定要买肥瘦参半、带皮的那种。

2. 炖肉的汤料应该偏咸一点点，小火慢炖就好。

五花肉切成 3 厘米见方的正方形小丁，用料酒和清水泡 15 分钟去腥。

大葱断斜切，准备冰糖 10 克、香叶 3 片、八角 5 个、桂皮 2 块、姜片 2 片备用。

干锅不放油烧热，将五花肉丁倒入锅内翻炒，待肉丁边缘变紧实，肉质微缩盛起备用。

锅内放少许油，加入 5 克白糖，
待糖溶化后倒入肉丁炒糖色（不
可炒太久），加入老抽 10 毫升、
红烧汁 20 毫升翻炒均匀后，再
加入香叶 3 片、八角 5 个、桂
皮 2 块、姜片 2 片进行翻炒。

倒入热水没过肉丁，加入 10 克
冰糖，放入大葱段、少许盐，
大火烧开后转小火慢炖。

待水收至一半、肉变较软时，
移至小砂锅内继续慢炖，加入
少许盐。

待汁水收至快干、肉丁变得酥
软后，根据个人喜好增加些许
盐、鸡精即可。

我爷爷可疼我了，上幼儿园的时候基本上都是他来学校接送我。那时候我年纪太小不懂事，嫌他穿的中山装不好看，不愿意跟他走在一块儿，于是自个儿在前面跑，爷爷就在后面追，等我跑到小卖部的时候就会停下来等着他给我买零食，爷爷付完钱零食到手后我又继续跑，他又继续追。

上了小学后因为离家近，他就不再来接我放学了，但是每次我回家总是能闻到饭菜的香味，餐桌上隔三差五地就能见着我喜欢的红烧肉。其实最喜欢吃红烧肉的是爷爷，因为他喜欢，便影响着我也喜欢，不过那时我喜瘦不喜肥，他就把所有的瘦肉都挑出来给我，肥肉都留着自个儿吃。

初二时我们搬了家，他嫌远，所以没跟我们住一块儿。每周我去看他的时候他总是问我："你钱够花吗？放学肚子会不会饿？想不想吃红烧肉？"然后就背着我娘偷偷给我零花钱。

高中时他因为一次意外摔倒引发中风，只能卧床休养，到了后期说话也变得不太利索，慢慢地开始会认错人，脾气也变得很不好，但是每次只要我去看他，他都会悄悄地从枕头底下摸出一个小纸包给我，我拆开一看，里面都是他帮我准备的零用钱。

他一直嫌我瘦，总是拉着我的手跟我说现在没办法做饭给我吃，没办法照顾我，要我自己好好照顾自己，想吃红烧肉的话就自个儿去买，要吃得胖一些才行。

嗯，就算他生着病、行动不方便、记忆力下降，但每次也都不忘提醒我要好好吃饭，生怕我有一顿饿着。

爷爷总是说红烧肉要趁热吃，第一口抿到肉皮，用牙齿轻轻往下咬，下面一层虽然是肥肉，可是肥而不腻，再下面一层又是瘦肉，入口酥烂。一层肥肉紧跟着一层瘦肉，层次分明又不见锋棱，一口接着一口，心里的满足已无须多言。

我从来也没说过我做的哪道菜最好吃，但是他最喜欢的红烧肉，我做的一定是最好的，可是现在我会煮饭会做菜，他却也再没机会吃到了。

真的，我好想他。

香肠炒花菜
+
清炒胡萝卜
+
金针菇肥牛卷盖饭
+
燕麦浓浆
+
芒果

金 针 菇 肥 牛 卷

{用你的爱，包裹我}

材料

◎ 鲜牛肉片 / 200 克

◎ 金针菇 / 1 把

◎ 牙签 / 数根

◎ 淀粉 / 少许

酱汁：

◎ 豆油鸡汁 / 15 毫升

◎ 鲍鱼汁 / 15 毫升

◎ 海鲜酱油 / 15 毫升

◎ 味淋 / 15 毫升

◎ 白糖 / 10 克

◎ 水 / 200 毫升

小贴士

卷牛肉的时候尽量要卷得紧一些，防止煎制时散开。

准备好肥牛片、金针菇备用。 ①

用牛肉片卷住适量金针菇，再用两根牙签将封口给固定住。 ②

锅里放少许油，开小火，将卷好的金针菇牛肉卷放入锅内煎至变色两面微黄后取出牙签。 ③

将调制好的酱汁倒入锅内，盖上锅盖大火煮开，中途需要开盖把牛肉卷翻个面。 ④

淀粉加少许水调制成淀粉水，待汁水快收干时倒入淀粉水勾芡，至酱汁浓稠，让每个牛肉卷都沾满酱汁即可。 ⑤

STORY

第
三
十
一
个
故
事
.

一生只爱一个人这句话，有人信，有人不信。

你说你喜欢的那一种感觉，从一个人身上延续到另一个人身上。
你说你喜欢的那一种样子，从一个人身上延续到另一个人身上。
你说你喜欢的那一种味道，从一个人身上延续到另一个人身上。
你说你喜欢的那一双眉眼，从一个人身上延续到另一个人身上。

这又何尝不是一段恋爱谈一生呢。

有时，爱一人，用一世，却不自知。

嗯，所以，从此爱的人啊，都有了你的模样。

提子 + 豆浆 + 鱼条炒玉米 + 清炒南瓜 + 卤肉饭

卤　肉　饭

{ 情至浓时方知晓 }

材 料

◎ 五花肉（瘦多肥少）/ 900~1000 克

◎ 香菇 / 10 朵

◎ 洋葱 / 250 克

◎ 大葱段（葱白部分）/ 半根

◎ 八角 / 3 个

◎ 桂皮 / 3 块

◎ 冰糖 / 15 克

◎ 姜片 / 3 片

◎ 鸡蛋 / 5 只

◎ 酱油膏 / 60~75 毫升

◎ 蚝油 / 15 毫升

◎ 老抽 / 15 毫升

◎ 卤味料包 / 1 包

◎ 红葱头 / 适量

◎ 盐 / 适量

◎ 料酒 / 适量

◎ 蔬之鲜 / 适量

小贴士

油葱酥是卤肉饭的精髓，必不可少的一味料。如果不自制的话也可以购买现成的。卤肉煮好后如果时间较紧也可以选择不焖，不过焖半小时味道会更好。

五花肉切小丁，用料酒和清水泡 15 分钟。

香菇用热水泡发（香菇水留着备用），切成香菇丁。洋葱洗净切成小丁，大葱斜切，准备八角 3 个、桂皮 3 块、冰糖 15 克、姜片 3 片、卤味料包 1 包备用。

红葱头横切成小片，鸡蛋煮熟后去壳备用。

锅里放油烧热，倒入红葱头小火炸至金黄后成油葱酥，捞起备用。④

干锅不放油烧热，将五花肉丁倒入锅内翻炒，待肉丁边缘变紧实，肉质微缩盛起备用。⑤

锅里放少许油，倒入红葱头、洋葱丁和香菇丁炒香。⑥

倒入肉丁翻炒，加入酱油膏60~75毫升、蚝油15毫升、老抽15毫升、冰糖15克、少许盐，翻炒均匀。⑦

把炒好的肉丁装进大砂锅里，倒入香菇水和热水，加大葱段、八角3个、桂皮3块、姜片3片、鸡蛋5只、卤味料包1包，大火煮开去浮沫后转小火慢炖1小时（需时不时翻动锅底，以免黏锅）。⑧

待肉丁变酥烂后尝味，根据个人喜好加入少许盐、蔬之鲜，待汤汁变浓稠后关火，盖上锅盖焖半小时即可。⑨

STORY

第
三
十
二
个
故
事

　　有时，只有在遇见一个人的时候你才会惊觉，人与人之间，出场顺序是有
多么重要。差一年、差一月、差一日、差一分、差一秒，都不行。
　　时间不对，顺序不对，那就什么都不对了。
　　有时，出场顺序稍微换一下，结局也许就完全不一样了。

橙子 + 麦片 + 吐司 + 椰蓉沙拉蛋卷

椰 蓉 沙 拉 蛋 卷

{ 在有你的世界里入睡 }

材 料

◎ 火腿肠 / 1 条

◎ 黄瓜 / 四分之一条

◎ 肉松 / 适量

◎ 鸡蛋 / 3 只

◎ 牛奶 / 15 毫升

◎ 椰蓉 / 适量

◎ 沙拉酱 / 适量

小贴士

如果没有长方形的锅，用平底锅做蛋皮也是可以的。蛋皮一定要薄一点，这样卷起食材会更方便一些。

火腿肠、黄瓜切成长条，鸡蛋、椰蓉取出备用。

鸡蛋加 15 毫升牛奶搅拌均匀。平底锅里放油烧热，倒入适量蛋液煎成薄薄的蛋皮（3 只鸡蛋能煎成 4 张蛋皮）。

蛋皮煎好涂上一层沙拉酱，依次放上黄瓜、火腿肠、肉松，然后卷起。

把卷好的蛋卷裹上一层椰蓉，切成小段即可。

亦然问过我，你知道想一个人全世界都失眠的滋味吗？

想一个人，全世界都失眠，是什么滋味？

记得有一段时间我也曾失眠过，睡前想着一个人想到睡不着，好不容易睡着了梦里又全是那个人的身影，醒来后我以为这一觉睡了好久好久，但其实翻过身看了眼手机也才过了 3 个小时而已，然后就这么一直想着一直想着，想到天明。

以前看到过一段解释失眠的话，看上去唯美又温馨——

"睡眠的拼音是什么？"

"shui mian"

"那失眠的拼音是什么？"

"shi mian"

"那它们之间有什么区别呢？"

"失眠少了 u。"

"嗯，少了 u。"

有多少人失眠，是因为你的世界里，少了那个"U"。

红毛丹 + 花生浆 + 生菜沙拉 + 猪排盖饭

猪 排 盖 饭

{ 吃一顿惬意的早午餐 }

材 料

◎ 猪肉 / 300~400 克

◎ 淀粉 / 10 克

◎ 鸡蛋 / 3 只

◎ 洋葱 / 200 克

◎ 面粉 / 适量

◎ 面包糠 / 适量

◎ 胡椒盐 / 适量

◎ 白胡椒 / 适量

◎ 盐 / 适量

◎ 鸡精 / 适量

◎ 料酒 / 少许

酱汁:

◎ 豉油鸡汁 / 30 毫升

◎ 海鲜酱油 / 15 毫升

◎ 味淋 / 15 毫升

◎ 白糖 / 5 克

◎ 水 / 200 毫升

小贴士

没有胡椒盐可以用食用盐代替，猪排可放冰箱隔夜冷藏腌制会更入味。炸好的猪排如果不想做成盖饭，可以配上酱汁单独食用。

猪肉切片，用肉锤敲打至变大变薄（不可太薄，否则炸起来口感不好）。 ①

敲打好的肉排加入少许胡椒盐、白胡椒、料酒、淀粉 10 克和少量的水搅拌均匀，腌制 20 分钟以上。 ②

洋葱切丝备用。 ③

盛好面粉、蛋液、面包糠备用。 ④

腌制好的猪排依次沾上面粉、
蛋液和面包糠。

待洋葱煮软后，酱汁收至一半，
把切好的猪排放入锅内，盖上
锅盖焖煮 1 分钟，根据个人喜
好加入少许盐。

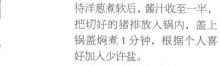

锅内放油，待油温八成热时放 ⑥
入猪排炸至双面变金黄后捞出
沥油，放在案上切成块。

两只鸡蛋打散，将蛋液分两次 ⑨
淋在猪排上。第一次倒入蛋液
后盖上锅盖焖煮，隔30秒后第
二次倒入蛋液即可关火。

锅内放少许油，放入洋葱丝炒 ⑦
至洋葱丝变成半透明，倒入调
制好的酱汁，转大火煮沸收汁。

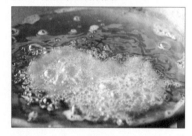

猪排盖饭经常被我当成周末偷懒时的早午餐，一觉睡到自然醒，起床洗漱，炸个猪排做份盖饭，听着音乐，洗着小碗，周末的早晨就是这么悠闲惬意。

我经常跟人说早安，也经常听到别人跟我说早安，但是我觉得，比起说早安，应该更珍惜那个经常跟你说完晚安后闭眼就睡的人，至少说明对方在睡前最后想到的那个人是你。

为什么这么说呢？因为，我也做过那个说完晚安后闭眼就睡的人啊。

沙茶海鲜炒饭 + 燕麦浓浆 + 橙子

Saturday ×

沙 茶 海 鲜 炒 饭

{ 花香虽易淡，味蕾却多情 }

材料

◎ 虾仁 / 15 只

◎ 鱿鱼 / 250 克

◎ 干贝 / 1 把

◎ 米饭 / 2 碗

◎ 沙茶酱 / 40~50 克

◎ 鸡蛋 / 1 只

◎ 淀粉 / 8 克

◎ 盐 / 适量

◎ 柠檬汁 / 适量

◎ 玉米粒 / 适量

◎ 青豆粒 / 适量

◎ 胡萝卜丁 / 适量

◎ 小葱 / 适量

小贴士

虾仁和鱿鱼圈后续还需炒制，所以焯水时间不可太长，影响口感。

沙茶酱可根据个人喜好多加一些，这样炒饭的味道会更浓。

虾仁加入少许盐、一只蛋清、淀粉8克、少许柠檬汁搅拌均匀，腌制 10 分钟后将虾仁、鱿鱼焯水 10 秒后捞起备用。 ②

锅里放油，放入泡发的干贝粒翻炒片刻。 ③

干贝洗净用水泡发，鱿鱼切成圈，鲜虾去壳，玉米粒、青豆粒、胡萝卜丁焯水断生备用。 ①

倒入米饭翻炒均匀后加入虾仁和鱿鱼翻炒。 ④

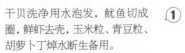

加入 40~50 克沙茶酱翻炒均匀
后倒入蔬菜粒翻炒。 **⑤**

根据个人喜好加入适量盐即可。 **⑥**

每次出门逛街吃到沙茶面就一定会想起晓静姨的沙茶炒饭。

小时候我住的是地区里的小平房，一栋两层楼高的小房子里住着好几户人家。身边基本上都是 20 世纪 80、90 年代后出生的孩子，所以小伙伴们玩得都特别亲，邻居阿姨们相处也都特别的好。晓静姨家住我家正对面，家里有个比我小 1 岁的妹妹，那时我跟妹妹玩得最好，走哪儿都带上她，所以晓静姨家就成了我每天都必须报到的地儿。

放学回家如果爷爷不在，那我就会去晓静姨家跟妹妹一起写作业，等到了五点半晓静姨一定会炒一碗沙茶炒饭给我和妹妹当点心，她做别的菜一般但是这炒饭绝对是拿手的，有时我嘴馋都可以吃下两碗。晓静姨在知道我喜欢吃她的炒饭后，但凡只要她有做，一定都会叫妹妹送一份来我家给我。

晓静姨虽然占据我童年的记忆不太多，但只要她一出场，那绝大多数都是在解救我于水深火热之中。

我做错事被我妈追得满院子乱打时是晓静姨把我围在身后，跟我妈说打孩子没用，得好好说才行，虽然这句话我妈直到我上了高中也没能听进去。

我把考了 70 分的卷子藏在书包里很不幸地被我妈翻出来时，我哭得差点把房顶的瓦片给震下来了，这时晓静姨敲开我家大门跟我妈促膝长谈了一番，我才得以避免一场风暴的袭击。

我带着妹妹跟隔壁屋的小男生一起去捉蚯蚓，捉到了一盒子蚯蚓后我们一股脑全部倒在妹妹面前，妹妹被吓得哇哇大哭，我和小男生在一旁哈哈大笑。我爸知道这件事后差点把我吊起来打一顿，也是晓静姨给我爸说这都是孩子之间的玩闹，没什么大不了的，抱着我安慰了几句后，又叫妹妹送了一大碗沙茶炒饭过来给我。

看，味蕾都是有记忆的，关于晓静姨的片段过了这么久我还是记得清清楚楚。

有时候一顿饭给你的感觉并不是菜好不好吃、汤好不好喝，而是由跟你一起吃饭或是做饭给你吃的那人决定的，就像我现在吃到沙茶炒饭一定都是满身满心的温暖，就如同当时被晓静姨保护着的那份感觉。

嗯，花香虽易淡，味蕾却多情。

香蕉 + 米饭 + 紫菜蛋花汤 + 咖喱土豆 + 清炒荷兰豆 + 炸猪排

咖 喱 土 豆

{不动声色，最为暖心}

锅里放少许油，放入半块咖喱炒融化炒香。 ②

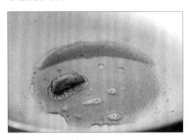

放入土豆翻炒均匀。 ③

材 料

◎ 土豆 / 2个（约700克）

◎ 咖喱块 / 30 克

◎ 盐 / 适量

◎ 糖 / 适量

加水盖过土豆，盖上锅盖大火煮开。待水收至一半时放入另外半块咖喱。 ④

小贴士

土豆块不可切得太小，切太小容易煮化。不仅影响口感，也影响菜品美观。

土豆切块，泡水去淀粉片刻备用。 ①

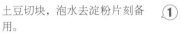

最后尝味，根据个人喜好加入少许盐、白糖即可。 ⑤

手机响起，是朋友发来的短信："晚上早点睡不要刷微博；上火多喝水；夏天少吃点冰淇淋，甜食也要少吃，脸上容易长痘；看书时灯光不能太暗对眼睛不好，要按时吃饭，不要饿一顿饱一顿，多吃点水果补充维生素，VC胶囊别忘了吃，睡前喝杯热牛奶。"

嗯，是啊。

关心你的人都是提醒你要照顾好自己的身体，不要等到生了病才知道身体有多重要。

冬天天冷多加衣，晚上睡觉别着凉，尽量少熬夜，要按时吃饭，少吃对肠胃有刺激的东西，哪些东西该吃哪些东西不该吃心里要有数，早睡早起多锻炼，多吃水果多喝水，少吃零食多睡觉。

Saturday ×

咖 喱 鸡 肉 饭

{ 愿我们，都能以梦为马，随处可栖。}

材 料

◎ 鸡腿 / 4 只

◎ 洋葱 / 大半个

◎ 土豆 / 2 个

◎ 胡萝卜 / 1 个

◎ 咖喱块 / 3 块

◎ 淀粉 / 15 克

◎ 牛奶 / 100 毫升

◎ 五香粉 / 适量

◎ 盐 / 适量

◎ 糖 / 适量

◎ 水 / 适量

小贴士

牛奶也可换成椰浆，风味也很独特，做好的咖喱鸡肉不仅可以配饭，也可沾着卷饼一起吃。

鸡腿可先泡水半小时，洗净后去除腿骨，将鸡腿肉切块。

在切好的鸡块里加入淀粉 15 克，少许五香粉、盐和水搅拌均匀，腌制 20 分钟以上。

土豆去皮洗净，切大块，泡水片刻。胡萝卜去皮洗净，切大块。洋葱洗净切成小丁备用。

倒入水盖过食材，加入少许盐，搅拌均匀，大火烧开后转小火慢炖。 ⑥

锅里放少许油，先炒香半块咖喱，待咖喱融化后放入腌制好的鸡块翻炒至鸡肉变色，盛起备用。 ④

待煮至胡萝卜稍微变软的时候，放入炒好的鸡块，继续小火慢炖至土豆和胡萝卜变软。 ⑦

锅洗净，放少许油烧热。先倒入洋葱丁翻炒，待洋葱变成半透明后再加入土豆块和胡萝卜块翻炒均匀。 ⑤

待食材变软后，放入剩余的两块半咖喱块，加入100毫升牛奶，搅拌均匀后尝味，根据个人喜好加入盐、糖，待汤汁收浓后关火即可。 ⑧

有没有过这样的时候，让你回忆你人生中走过的这条路，有一段日子你却是什么都想不起来，就像断了片一样，任你怎么回忆，却只能勾勒出一个特别模糊的轮廓，甚至于连轮廓都没有，几近于空白。

我仔细地想了想，确实有过一段时间人生好像都是空白的，任凭我绞尽脑汁，却始终想不起来那段日子到底都干了什么，几次想要开口叙述，却只感觉时光匆匆流逝并没有在我记忆里留下任何痕迹。是因为生活太过于安逸了吗？安逸到竟没有什么可以值得留下的东西，二十几岁的年纪，我们不是都应该去拼搏去闯荡的吗？二十几岁的年纪，我们不是应该努力地去实现自己梦想的吗？二十几岁的年纪，我们不是应该朝着自己的人生目标前进的吗？可我却在这么重要的时候出现了断片的情况，现在想想，真是自己在浪费自己的时间啊。

我不想在最值得拼搏的年纪里过着太安逸的生活，我不想在以后回忆起现在却只是一个轮廓或者几近于空白时光。如果现在不为了自己努力一把，以后要拿什么来当谈资呢，以后孩子问我："妈妈，你年轻的时候都做了些什么呀？"我想我会把二十岁到三十岁这十年间发生的每件事都当成故事说给他（她）听，而不是哑口无言岔开话题让他（她）好好学习天天向上。

我希望我们的二十几岁能真真实实地过几年，能真真实实地记着每天都发生了哪些事，能真真实实地为了自己的梦想去努力去奋斗。我同样希望，我们现在以及今后所做的每件事，都能如焰火一般，点亮二十多岁这几年。

愿我们，都能以梦为马，随处可栖。

牛奶 + 草莓 + 香草煎鱼排 + 西芹炒牛柳盖饭

香 草 煎 鱼 排

〔我想和你同去一个地方，吃一顿饭〕

材　料

◎ 龙利鱼排 / 300 克

◎ 芹菜叶 / 10 克

◎ 干罗勒碎 / 5 克

◎ 面包糠 / 60 克

◎ 芝士粉 / 18 克

◎ 大蒜 / 1 瓣

◎ 柠檬 / 1/4 个

◎ 胡椒盐 / 适量

小贴士

1. 胡椒盐可以用食用盐代替，做好的香料粉没用完可以密封好保存放冰箱冷藏 3~5 天为宜。

2. 面包糠如果买不到也可以自己做：将吐司切小块放入烤箱 150 摄氏度烤 10 分钟。烤箱指示灯灭时先不要取出，待余温将吐司烤干。等吐司彻底变干后，用料理机将吐司磨碎即可。

龙利鱼排洗净，用厨房纸吸干多余水分，表面撒上少许胡椒盐，腌制 15 分钟。

面包糠用料理机磨成粉，准备芹菜叶、干罗勒碎、大蒜、芝士粉备用。 ②

芹菜叶洗净，用厨房纸吸干多余水分，切成碎。大蒜磨成蒜蓉，将芹菜叶碎、干罗勒碎、面包糠、芝士粉、蒜蓉搅拌均匀成香料粉备用。 ③

将腌制好的鱼排双面沾上香料粉。 ④

平底锅里放少许油，中火烧至八成热后放入鱼排。

单面煎 3 分钟后再翻面煎 3 到 5 分钟，煎至两面金黄。装盘后在表面挤上柠檬汁即可食用。 ⑥

· STORY 第 三 十 八 个 故 事 ·

　　我可以一个人走遍世界各地，但是巴黎啊，应该算是唯一一个我不愿意自己去的地方了。

　　记得茜茜以前问过我为什么想去巴黎，其实这个答案跟泰姬陵是一样的，也是因为几年前无意中看到了一张夕阳下铁塔的图片，瞬间就满心满心的感动。只不过它们之间唯一不同的是，泰姬陵我可以一个人去，但巴黎，我是真的希望你能在我身边陪着我一起去。

　　我们可以一起坐在石阶上看铁塔，可以一起在塞纳河边散步，可以一起在街头吃小吃，可以一起走遍所有的博物馆，可以一起做很多很多事。

　　我也同样希望，看到这里的你们，能有一个如你爱他般爱着你的人陪在你身边。你饿了他会带你去吃饭，你病了他会带你去医院，你想出门了他会带你去旅行，你累了他会停下脚步等等你。你们会一起走过无数个三餐四季，会一起经历过无数个花开花落，绸缪束薪，共度余生。

　　风在吹，阳光在笑，不知道此刻的你，好不好。

苹果 + 麦片 + 米饭 + 蜜汁鸡排 + 鱿鱼炒黄瓜 + 清炒南瓜

蜜 汁 鸡 排

{喜欢你，如同心里蘸了蜜}

材 料

◎ 鸡腿 / 2 只

◎ 海鲜酱油 / 30 毫升

◎ 大蒜 / 4 颗

◎ 淀粉 / 8 克

◎ 蜂蜜 / 15 毫升

◎ 柠檬汁 / 少许

◎ 盐 / 适量

小贴士

煎鸡排时需要注意火候，不要把鸡肉煎得太老影响口感。

鸡腿可先泡水半小时后去除腿骨，用肉锤或刀背将鸡腿肉拍松变得稍薄稍大些。

大蒜剁成蒜泥，鸡腿加入海鲜酱油 30 毫升、蒜泥、淀粉 8 克、蜂蜜 15 毫升、盐搅拌均匀，放入冰箱冷藏腌制 6 小时以上。

锅里放少许油，待锅热后转小火，将鸡腿肉带皮那面朝下煎至两面金黄即可。

STORY

· 第 三 十 九 个 故 事 ·

生活里有很多很多事情，都是等到准备充分了才会去做。

喜欢的剧，要等到全部更新完结了才会去看。
喜欢的裙子，要等到洗完头化完妆才会去穿。
喜欢的鞋，要等到看中以后才会去试。
喜欢的歌，要等到下载完成才会去单曲循环。
喜欢的牛奶，要等到热好倒入透明玻璃杯后才会去喝。
喜欢的被窝，要等到电热毯开到暖烘烘时才会去睡。
喜欢的图片，要等到全部处理完才会给人看。
喜欢的餐具，要等到擦得干干净净才会摆在架子上。
喜欢的厨房，要等到打扫完毕后才会去使用。
喜欢的食物，要等到铺好桌布摆好碗筷才会去吃。

唯独喜欢你这件事，来的是这么的猝不及防，让人措手不及。
还未等你牵起我的手，我就已经迫不及待地想要靠近你，与你寸步不离。

奶油番薯焗蛋
+
鲜虾果蔬沙拉
+
花生浆

鲜 虾 果 蔬 沙 拉

{春日的情书}

材 料

◎ 凤尾虾 / 150 克

◎ 菠萝 / 130 克

◎ 西生菜 / 3~5 片

◎ 淀粉 / 8 克

◎ 蛋清 / 1 只

◎ 盐 / 适量

◎ 柠檬汁 / 适量

◎ 沙拉酱 / 适量

◎ 黑胡椒 / 适量

◎ 欧芹碎 / 适量

小贴士

1. 西生菜丝也可以换成卷心菜丝。

2. 沙拉酱可按自己的喜好挑选，建议搭配甜味的沙拉酱。

鲜虾洗净，去头、去壳、留尾，菠萝切小块，西生菜切丝备用。 ①

凤尾虾仁加入淀粉 8 克、蛋清 1 只、盐、柠檬汁适量，搅拌均匀腌制 10 分钟。 ②

腌制好后的虾仁放入滚水锅中焯水 20~30 秒后捞起。 ③

将虾仁、菠萝加入沙拉酱搅拌均匀，盘底放上西生菜丝，挤上些许沙拉酱，放入搅拌好的菠萝，摆上鲜虾，最后在表面撒些许黑胡椒碎、欧芹碎即可。 ④

你知道吗，南国的三月天里，街角榕树已开始纷纷凋零。

微风轻拂，落叶满地，好似一季春秋景。

叶落会留声，足落亦留痕。

"听着踩在落叶上的脚步声／纵使思绪万千，可只要一想到你／心头仍旧是阳光和煦。"

写下三行沾染着春日暖意的情书，我把这份正式的喜欢装进信封寄给你。

不知道此刻的你，能否收悉。

黑米花生浆 ＋ 橙子 ＋ 清炒荷兰豆 ＋ 亲子盖饭 ↗

亲 子 盖 饭

{ 总有一道属于你的风味绝佳 }

材 料

◎ 鸡腿 / 2 只

◎ 洋葱 / 半个

◎ 鸡蛋 / 2 只

◎ 淀粉 / 8 克

◎ 五香粉 / 少许

◎ 鸡精 / 少许

◎ 盐 / 少许

酱汁：

◎ 豉油鸡汁 / 45 毫升

◎ 海鲜酱油 / 30 毫升

◎ 味淋 / 15 毫升

◎ 白糖 / 5 克

◎ 水 / 250 毫升

小贴士

腌制鸡肉块的时间越久越好，可放冰箱隔夜腌制，这样做出来的鸡肉会更入味。

鸡腿可先泡水半小时，洗净后去除腿骨，将鸡腿肉切块。 ①

切好的鸡块中加入淀粉 8 克、少许五香粉、盐、少许水搅拌均匀，腌制 20 分钟以上。 ②

洋葱切丝备用。 ③

锅里放少许油，倒入腌制好的鸡腿肉煎至表面变微黄。 ④

倒入洋葱丝翻炒至洋葱变半透明。 ⑤

倒入调制好的酱汁，盖上锅盖，开大火煮开。 ⑥

两只鸡蛋打散，待锅内酱汁收至一半时尝味，根据个人喜好加入少许盐。将蛋液分两次倒入锅内，第一次倒入蛋液后盖上锅盖焖煮，30秒后倒入第二次蛋液关火即可。 ⑦

STORY
·
第
四
十
一
个
故
事
·

每次心情不好的时候吃一份亲子盖饭，吃完后会感觉整个人都像是复活了一般。其实生活中总有一些不经意的事能够瞬间点亮你的心情：

比如一回家就有热饭热菜。

比如聊天的时候显示"对方正在输入"。

比如看到恋人们重逢时拥抱的笑脸。

比如不开心时看到了搞笑视频。

比如吵架后打开手机第一眼就看到对方发的道歉消息。

比如我喜欢你的时候，不经意地发现，你也喜欢着我。

黑椒牛肉螺旋意面

{ 你食一餐饭，我言一故事 }

材 料

◎ 牛肉 / 200 克

◎ 青椒 / 半个

◎ 黄椒 / 半个

◎ 红椒 / 半个

◎ 洋葱 / 150 克

◎ 红薯淀粉 / 15 克

◎ 水 / 25 毫升

◎ 黑椒酱 / 75 毫升

◎ 螺旋意面 / 200 克

◎ 盐 / 20 克（煮意面用）

◎ 黄油或橄榄油 / 适量

◎ 现磨黑胡椒碎 / 适量

◎ 盐 / 适量

◎ 糖 / 适量

小贴士

1. 煮意大利面时的放盐量根据不同意面的种类而定。

2. 牛肉用用水调好的淀粉腌制后口感会更嫩滑，下锅后不可炒太久，以防肉质变老。

牛肉切细丝，加入 15 克红薯淀粉、25 毫升水、15 毫升黑椒酱、适量现磨黑胡椒碎、盐搅拌均匀腌制 20 分钟以上。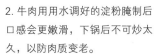

青椒、黄椒、红椒、洋葱切细丝备用。

锅里放 2000 毫升水、20 克盐、少许橄榄油，大火煮开放入螺旋意面，煮 18~20 分钟，捞起放入凉水中（水里加入少许橄榄油），防止沾粘。

锅里放少许黄油，倒入腌制好
的牛肉丝翻炒至变色后盛起备
用。

再放入少许黄油，先放入洋葱 ⑤
丝炒至半透明后加入彩椒丝翻
炒片刻，再加少许盐，翻炒均匀。

倒入牛肉翻炒均匀。 ⑥

再倒入煮好的螺旋意面翻炒均匀。 ⑦

加入60毫升黑椒酱翻炒，根据 ⑧
个人口感加入少许盐、白糖，
最后撒上些许现磨黑胡椒碎即
可。

常常路过的美容院里有个姑娘是聋哑人。有一回屋外下着大雨，店里人少，我在避雨的时候碰巧看见姑娘在画画。从她同事的交谈里得知，那个姑娘很喜欢画画，只要一有空就会拿起画笔画个不停。我仔细翻了翻她的画册，色彩时而明媚时而灰暗，内容繁多、参差不一。

朋友圈里也有一个专门画漫画的朋友，去年有一段时间她画风突变，转成了黑暗系。刚开始我以为她是想尝试着换个风格，可时间长了，总是感觉画里藏着一些若有似无的东西。后来问她才知晓，那段时间里她的生活出现了极大的变故，这也是导致她画风突变的直接原因。

那天很突然地就想到了聋哑姑娘，其实她应该也是一样的吧，因为很多时候没办法表达出自己的情绪，所以唯有把心里所有的情感都寄托在画笔之上。

其实，有时一个人的开心与难过、欢喜和悲伤，都是有迹可循的。

弹琴的人，情绪全在旋律里，耳朵能听得出来。

画画的人，情绪全在色彩里，眼睛能看得出来。

写作的人，情绪全在笔墨里，内心能读得出来。

拍照的人，情绪全在图片里，你能感觉得出来。

并非所有的感觉都是能用言语"说"出来的。每个人都有自己专属表达情绪的方式，或写或画，或跳或唱，这些都是情感表达最直接的方式。

想想，真的要感谢那些能看得出你情绪的人，因为不是每个人都愿意把时间花在你身上，去了解你、关心你、开导你。

"你不是你笔下的人物，但你笔下的人物是你。"

谢谢，看懂了这些情绪的你。

橙子 + 燕麦浓浆 + 番茄肉酱意大利面

番茄肉酱意大利面

{没有什么事是吃一顿解决不了的，如果有，就两顿}

材 料

◎ 番茄 / 2 个

◎ 洋葱 / 1 个

◎ 大蒜 / 8~10 瓣

◎ 牛肉糜 / 250 克

◎ 淀粉 / 8 克

◎ 番茄酱 / 300 毫升

◎ 意大利面 / 200 克

◎ 盐 / 适量

◎ 糖 / 适量

◎ 水 / 15 毫升

◎ 现磨黑胡椒碎 / 适量

◎ 新鲜罗勒 / 适量

◎ 黄油或橄榄油 / 适量

小贴士

1. 煮意大利面时的放盐量根据购买的意面种类而定。

2. 做好的番茄肉酱不仅可以拌面,还可以拌饭直接吃。如果想吃焗烤风味也可以在拌好饭或面后,在表面撒些许马苏里拉芝士,放入烤箱上火 200 摄氏度、下火 150 摄氏度烤制 15 分钟,制作成番茄肉酱焗饭 / 意面。

番茄、洋葱洗净,大蒜去皮。牛肉糜加入 8 克淀粉、水 15 毫升、适量盐、现磨黑胡椒碎搅拌均匀,腌制 15 分钟。 **①**

锅里烧水煮开,将番茄放入煮至表皮开裂后捞起过凉,去皮备用。 **②**

将洋葱、番茄切成小丁,大蒜剁成泥。 **③**

锅里放黄油,炒香大蒜泥后倒入腌制好的牛肉糜翻炒至变色盛起。 **④**

倒入炒好的牛肉糜，加入少许 ⑦
盐搅拌均匀，煮至酱汁变浓稠。

锅里放黄油，放入洋葱丁炒至 ⑤
半透明后再倒入番茄丁翻炒均
匀。

根据个人喜好加入白糖、盐， ⑧
最后撒上些许现磨黑胡椒碎即
可。

待番茄丁和洋葱丁炒软后，加 ⑥
入 250~300 毫升番茄酱小火煮
至酱汁状。

煮意面：

锅里放 2000 毫升水、20 克盐、 ⑨
少许橄榄油，大火煮开后放入
意面，待 18~20 分钟左右意面
煮熟，捞起放入盘中，浇上刚
做好的番茄肉酱，撒上少许奶
酪粉和罗勒碎即可。

　　我有一个喜欢吃意面的朋友。那天她来家里蹭面的时候，突然问了我一个问题，"你说，真正放下一个人是什么感觉？"我惊讶于她的思维跳转得如此迅速，前一秒还在"该买哪件衣服"而后一分钟却转变成了"放下一个人是什么感觉"。

　　真正放下一个人到底是一种什么感觉？当别人提及对方名字时你心里已不再有波澜。对方更新状态时你也不用费脑筋去做阅读理解。可以用很平常的心态跟对方聊天说话，不用时刻在意对方反应。看到一切跟对方有关的东西都能一眼扫过不做停留。

　　永远不会再因为对方的一句话变得开心或是沮丧。

　　其实真的还有好多好多，但是那天，我回答她的，却只有一句歌词。

　　"从开始哭着嫉妒，到后来笑着羡慕。"

菠菜炸鸡卷饼 + 草莓 + 糙米花生浆 + 蔬菜沙拉

菠 菜 炸 鸡 卷 饼

{愿多年以后，你我都能过得更像自己}

材 料

◎ 鸡胸肉 / 250 克

◎ 鸡蛋 / 1 只

◎ 淀粉 / 8 克

◎ 奥尔良腌料粉 / 适量

◎ 面包糠 / 适量

◎ 面粉 / 适量

◎ 沙拉酱 / 适量

◎ 水 / 适量

◎ 菠菜卷饼皮 / 2 张

◎ 生菜叶 / 2 片

小贴士

1. 饼皮可以现做，也可以购买现成的。

2. 奥尔良腌料粉的比例按照购买说明书的使用标准进行腌制。

3. 还未炸的鸡柳可以冷冻保存，下次要吃随吃随炸即可。

鸡胸肉提前泡水半小时后沥干，切成手指粗细的鸡柳。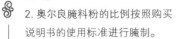

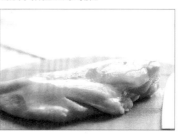

加入奥尔良腌料粉、淀粉 8 克和少许水，搅拌均匀，放入冰箱冷藏腌制 6 小时以上。

待鸡柳腌制好后，准备蛋液、面粉、面包糠。

鸡柳依次沾上面粉、蛋液、面包糠。

饼皮可现做，也可从冷冻柜取出饼皮（卷饼皮做法参照第30页黑椒鸡肉卷饼的饼皮做法，把水换成菠菜汁即可）。将饼皮放在蒸笼上，待水沸后放入，蒸1~1.5分钟即可。

蒸饼皮的空档可炸鸡柳。锅里放油，待油温烧至八成热的时候放入鸡柳，炸至表面变金黄后即可捞起。鸡肉易熟，不可炸太久，不然就不嫩了。

饼皮先放上一片生菜叶，再放上炸好的鸡柳，最后挤上沙拉酱，卷起即可。

我们的一生，听过太多、也说过太多"对不起"。

谈过几次恋爱，也喜欢过几个人。听到过别人不停地说着"对不起"，也不停地跟别人说着"对不起"。因为知道但凡还有一点犹豫都不可能说出这么多"对不起"，所以才能明白，别人对我说这三个字时的重量以及意义。

被人辜负过，也辜负过别人。被人辜负了不代表对方坏，辜负了别人也不代表我不好。只是有时候我给别人的别人不想要，有时候别人给我的我又回应不了。

"你很好，我也很好，只不过很抱歉，我们还是没能走到最后。"这就好比有的人开了无线网络，信号也特别地强，但就算你站在对方身边，对方也告诉了你密码，可你始终也没能连接得上。

而有的人，却是你愿意用尽这个年纪里最干净、最单纯的感情去喜欢，不带一丝杂质。

可是，喜不喜欢、合不合适、在不在一起，这又是三件截然不同的事。

喜欢了不一定就合适，合适了也不一定能在一起，在一起后或许才是故事真正的开始。

很多时候，感情大抵都是如此。所以，无论辜负过，还是被辜负过，都愿你们和对的人都别再错过，找到属于自己幸福的样子。

图书在版编目（CIP）数据

今天吃什么．一周不重样的暖心轻料理 / 慧慧著．— 广州：新世纪出版社，2016.6（2016.10 重印）
ISBN 978-7-5405-9966-9

Ⅰ．①今… Ⅱ．①慧… Ⅲ．①食谱 Ⅳ．① TS972.12

中国版本图书馆 CIP 数据核字 (2016) 第 087774 号

出 版 人 孙泽军
责任编辑 傅 琨　廖晓威
责任技编 陈静娴

出 品 人 金 城
策 划 陈 曦
设计制作 康 巍

今天吃什么 一周不重样的暖心轻料理

JINTIAN CHI SHENME　YIZHOU BU CHONGYANG DE NUANXIN QING LIAOLI

慧慧 / 著

出版发行 新世纪出版社
（地址：广州市大沙头四马路 10 号 邮编：510102）
策划出品 广州漫友文化科技发展有限公司
经　销 全国新华书店
制版印刷 深圳市精彩印联合印务有限公司
（地址：深圳市宝安区松白路 2026 号同康富工业园）
规　格 787mm×1092mm　1/16
印　张 10.5
字　数 131 千字
版　次 2016 年 6 月第 1 版
印　次 2016 年 10 月第 2 次印刷
定　价 39.00 元

本书如有错页倒装等质量问题，请直接与印刷公司联系换书。联系电话：020-87608715-321